Tasty Food
食在好吃

# 备孕怀孕
## 营养餐315例

甘智荣 主编

江苏凤凰科学技术出版社
·南京·

**图书在版编目（CIP）数据**

备孕怀孕营养餐 315 例 / 甘智荣主编 . —— 南京 : 江苏凤凰科学技术出版社 , 2015.7（2020.10 重印）

（食在好吃系列）

ISBN 978-7-5537-4264-9

Ⅰ . ①备… Ⅱ . ①甘… Ⅲ . ①孕妇 – 妇幼保健 – 食谱 Ⅳ . ① TS972.164

中国版本图书馆 CIP 数据核字 (2015) 第 050945 号

**备孕怀孕营养餐315例**

| | |
|---|---|
| 主　　　　编 | 甘智荣 |
| 责 任 编 辑 | 樊　明　葛　昀 |
| 责 任 监 制 | 方　晨 |
| 出 版 发 行 | 江苏凤凰科学技术出版社 |
| 出版社地址 | 南京市湖南路 1 号 A 楼，邮编：210009 |
| 出版社网址 | http://www.pspress.cn |
| 印　　　　刷 | 天津丰富彩艺印刷有限公司 |
| 开　　　　本 | 718mm×1000mm　1/16 |
| 印　　　　张 | 10 |
| 插　　　　页 | 4 |
| 字　　　　数 | 250 000 |
| 版　　　　次 | 2015年7月第1版 |
| 印　　　　次 | 2020年10月第3次印刷 |
| 标 准 书 号 | ISBN 978-7-5537-4264-9 |
| 定　　　　价 | 29.80元 |

图书如有印装质量问题，可随时向我社出版科调换。

# 食对好"孕"来

　　人体在生命过程中的不同阶段，对营养的需求也是不同的，针对不同生理时期采取相应的营养措施，可以有效地提高健康水平，而科学的饮食就是保证人体健康的物质基础。由于孕产妇在生理上发生了较大的变化，其体质特点也与平时不太一样，饮食营养就更要多加注意。这是因为，胎儿生长发育所需的一切营养都要由母体提供。如果母体营养不足或营养过剩，都会影响腹中胎儿的健康；在宝宝顺利出生后，处于婴儿时期的宝宝营养主要来自于母乳，所以孕产妇和哺乳期妇女的健康水平与营养状况直接决定胎儿和婴儿的生长发育状况。

　　那么，对于快要成为妈妈或刚刚成为妈妈的你来说，"哪些是最适合食用的菜肴"这个问题不仅重要，而且对母体和宝宝一生的健康都有很大的影响。本书重点针对这个问题，根据每一个阶段孕产妇的一般特点，列举了孕产妇适合吃的菜肴。

　　在备孕期、孕早期、孕中期、孕晚期以及产褥期阶段，我们都相应列举了本阶段适宜孕产妇的营养食谱，每一道食谱都详细介绍了制作材料和制作过程。而且对其中一些食谱列举了专家的点评，让你更好地了解这道食谱的营养与功效。再配上精美、清晰的图片，让即使是烹调知识并不丰富的备孕妈妈、准妈妈以及新手妈妈们，也能成功制作出一道道营养又美味的菜肴，从而确保孕产妇的身体健康，孕育出健康、聪明的宝宝。

　　此外，本书还阐述了孕妇必须补充的 16 种关键营养素，即蛋白质、脂肪、碳水化合物、膳食纤维、维生素 A、维生素 $B_1$、维生素 $B_2$、维生素 $B_6$、维生素 C、维生素 D、维生素 E、维生素 K、叶酸、DHA、钙和铁。对每一种营养素，都相应介绍了其功效、孕产妇缺乏该营养素的影响，以及建议每日摄取该营养素的量。目的是让备孕妈妈及孕妈妈对孕期所需的主要营养素能有一个全面的了解，从而为母婴饮食健康保驾护航，为生出健康的宝宝做好充足准备。

　　我们殷切希望本书能对备孕妈妈及准妈妈有所帮助，愿每一位育龄妈妈都能健康快乐地度过孕产期，愿每一位准妈妈都能拥有一个健康、聪明、活泼可爱的宝宝。

# 第一章
# 备孕期菜肴

# 目录  Contents

## 第二章
# 孕早期菜肴

## 第三章
# 孕中期菜肴

# 第四章
## 孕晚期菜肴

# 孕妇必须补充的 16 种营养素

## 1. 蛋白质——细胞的组成

功效：蛋白质是生命的物质基础，是机体细胞的重要组成部分，是人体组织更新和修复的主要原料。人体的每个组织——毛发、皮肤、肌肉、骨骼、内脏、大脑、血液、神经等都是由蛋白质组成的，所以说蛋白质对人的生长发育非常重要。

缺乏的影响：孕妈妈缺乏蛋白质容易导致流产，并可影响胎儿脑细胞的发育，使脑细胞分裂减缓，数目减少；并可对胎儿中枢神经系统的发育产生不良影响，使胎儿出生后发育迟缓，体重过轻，甚至影响胎儿智力。

建议摄取量：孕妈妈在孕早期（1～3个月）对蛋白质的需要量为每日75～80克，孕中期（4～7个月）为每日80～85克，孕晚期（8～10个月）为每日90～95克。

## 2. 脂肪——生命的动力

功效：脂肪具有为人体提供能量，保持体温恒定及缓冲外界压力，保护内脏，促进脂溶性维生素的吸收等作用，是身体活动所需能量的最主要来源。

缺乏的影响：胎儿所需的必需脂肪酸是由母体通过胎盘供应的，所以孕妈妈需要在孕期为胎儿发育储备足够的脂肪。如果缺乏脂肪，孕妈妈可能发生脂溶性维生素缺乏症，引起肾脏、肝脏、神经等多种疾病，并可影响胎儿心血管和神经系统的发育和成熟。

建议摄取量：因为脂肪可以被人体储存，所以孕妈妈不需要刻意增加摄入量，只需要按平常的量，每日摄取大约60克即可。

## 3. 碳水化合物——胎儿的能量站

功效：碳水化合物是人体能量的主要来源。它具有维持心脏正常活动、减少蛋白质消耗、维持脑细胞正常功能、为机体提供能量及保肝解毒等作用。

缺乏的影响：孕妈妈缺乏碳水化合物，会出现全身无力、疲乏，产生头晕、心悸、低血糖昏迷等，同时也会引起胎儿血糖过低，影响其正常生长发育。

建议摄取量：人体一般不容易缺乏碳水化合物，但由于孕早期妊娠反应导致能量消耗较大，孕妈妈应适量摄入，以免缺乏。每日推荐摄入量为500克左右。

## 4. 膳食纤维——肠道清道夫

功效：膳食纤维有增加肠道蠕动、减少有害物质对肠道壁的侵害、促进大便的通畅、减少肠道疾病的发生和增强食欲的作用。同时膳食纤维还能降低胆固醇以减少心血管疾病的发生，阻碍糖类被快速吸收，以减缓血糖的上升速度。

缺乏的影响：缺乏膳食纤维，会使孕妈妈发生便秘，间接使身体吸收过多热量，容易引发妊娠糖尿病和妊娠高血压等疾病。

作用，可以维持食欲和胃肠道的正常蠕动以及促进消化。

缺乏的影响：孕妈妈缺乏维生素 $B_1$，会出现食欲不佳、呕吐、面色苍白、心率加快等症状，并可导致胎儿低体重，易患神经炎，严重的还会患先天性脚气病。

建议摄取量：孕妈妈适当地补充维生素 $B_1$ 可以缓解恶心、呕吐、食欲不振等妊娠反应。每日推荐摄入量为 1.5 ~ 1.6 毫克。

### 7. 维生素 $B_2$——促进胎儿发育

功效：维生素 $B_2$ 参与体内生物氧化与能量代谢，在碳水化合物、蛋白质、核酸和脂肪的代谢中起重要的作用，可提高机体对蛋白质的利用率，促进生长发育，维护皮肤和细胞膜的完整性，具有保护皮肤毛囊黏膜及皮脂腺、消除口舌炎症等功能。

缺乏的影响：孕早期缺乏维生素 $B_2$ 会加重妊娠呕吐，影响胎儿神经系统的发育，可能造成胎儿神经系统畸形及骨骼畸形；孕中期和孕晚期缺乏维生素 $B_2$，容易发生口角炎、舌炎、唇炎等，并可能导致早产。

建议摄取量：只要不偏食、不挑食，孕妈妈一般不会缺乏维生素 $B_2$。建议孕妈妈每天摄取 1.8 毫克的维生素 $B_2$。

### 8. 维生素 $B_6$——缓解妊娠呕吐的好帮手

功效：维生素 $B_6$ 不仅有助于体内蛋白质、脂肪和碳水化合物的代谢，还能帮助转换氨基酸，形成新的红细胞、抗体和神经递质。维生素 $B_6$ 对胎儿的大脑和神经系统发育至关重要。

缺乏的影响：孕妈妈孕早期适量服用维生素 $B_6$ 可以有效缓解妊娠呕吐，缓解水肿。如果缺乏维生素 $B_6$，会引起神经系统功能障碍、脂溢性皮炎等，并会导致胎儿大脑结构改变、中枢神经系统发育迟缓等。

建议摄取量：孕妈妈服用过量维生素 $B_6$ 或服用时间过长，会导致胎儿对它产生依赖性，因此建议每日摄取 1.9 毫克的维生素 $B_6$。

建议摄取量：孕妈妈常常出现肠胀气和便秘。因此，孕妈妈不可忽视蔬菜、粗粮等膳食纤维含量高的食物的摄入。每日推荐摄入量为25 ~ 30 克。

### 5. 维生素 A——打造健康胎儿

功效：维生素 A 具有维持人的正常视力、维护上皮组织健全的功能，可保持皮肤、骨骼、牙齿、毛发的健康生长，还能促进生殖功能的良好发展。

缺乏的影响：孕期缺乏维生素 A 可导致流产、胚胎发育不良或胎儿生长缓慢，严重时还可引起胎儿多器官畸形。

建议摄取量：孕妈妈的维生素 A 每日摄入量，孕初期建议为 0.8 毫克，孕中期和孕晚期建议为 0.9 毫克。因为长期大剂量摄入维生素 A 可导致中毒，对胎儿也有致畸作用。

### 6. 维生素 $B_1$——神经系统发育的助手

功效：维生素 $B_1$ 是人体内物质与能量代谢的关键物质，具有调节神经系统生理活动的

### 9. 维生素 C——增强免疫力

功效：维生素 C 可以促进伤口愈合、增强机体抗病能力，对维护牙齿、骨骼、血管、肌肉的正常功能有重要作用。同时，维生素 C 还可以促进铁的吸收、改善贫血、提高人体免疫力、对抗应激反应等。

缺乏的影响：孕妈妈缺乏维生素 C，容易患坏血病，可引起胎膜早破、早产、新生儿体重低及新生儿死亡率增加等。

建议摄取量：孕早期孕妈妈每日应摄入 100 毫克维生素 C，孕中期及孕晚期均摄入 130 毫克，最高摄入量为每日 1000 毫克。

### 10. 维生素 D——人体骨骼的建筑师

功效：维生素 D 是钙磷代谢的重要调节因子之一，可以提高机体对钙、磷的吸收，促进生长和骨骼钙化，健全牙齿，并可防止氨基酸通过肾脏过滤的损失。

缺乏的影响：孕妈妈缺乏维生素 D，可导致钙代谢紊乱、骨质软化、胎儿或新生儿的骨骼钙化障碍以及牙齿发育缺陷；并可引发细菌性阴道炎，从而导致早产。严重缺乏时，会使胎儿出生后发生先天性佝偻病、低钙血症以及牙釉质发育差，易患龋齿。

建议摄取量：孕早期建议摄入量为每日 5 微克，孕中期和孕晚期建议为每日 10 微克，可耐受的最高摄入量为每日 20 微克。

### 11. 维生素 E——既养颜又安胎

功效：维生素 E 是一种很强的抗氧化剂，可以改善血液循环、修复组织，对延缓衰老、预防癌症及心脑血管疾病非常有益。另外它还有保护视力、提高人体免疫力等功效。

缺乏的影响：缺乏维生素 E 容易造成孕妈妈流产及早产，使胎儿出生后发生黄疸，严重时可引发眼睛疾患、肺栓塞、中风、心脏病等疾病。

建议摄取量：维生素 E 对孕妈妈的主要作用是保胎、安胎、预防流产。建议孕妈妈每日摄入 14 毫克的维生素 E。

### 12. 维生素 K——止血功臣

功效：人体对维生素 K 的需要量非常少，但它对促进骨骼生长和血液正常凝固具有重要作用。它可以减少生理期大量出血，防止内出血及痔疮，还可以预防骨质疏松症。

缺乏的影响：维生素 K 缺乏与机体出血或出血不止有一定关系。孕妈妈缺乏维生素 K 会引起凝血障碍，发生出血性病症，而且还易导致流产、死胎，或引起胎儿出生后先天性失明、智力发育迟缓及出血性疾病。

建议摄取量：维生素 K 有助于骨骼中钙质的新陈代谢，对肝脏中凝血物质的形成起着非常重要的作用。建议孕妈妈每日摄入 14 毫克的维生素 K。

### 13. 叶酸——预防胎儿神经管缺陷

功效：叶酸是人体在利用糖分和氨基酸时的必要物质，是机体细胞生长和繁殖所必需的物质。其可促进骨髓中幼细胞的成熟，也是一种天然的抗癌维生素。

缺乏的影响：叶酸不足，孕妈妈易发生胎盘早剥、妊娠高血压综合征、巨幼红细胞性贫血；可导致胎儿神经管畸形，还可使胎儿眼、口唇、腭、胃肠道、心血管、肾、骨骼等组织器官的畸形率增加。这样的胎儿出生后生长发育和智力发育都会受到影响。

建议摄取量：孕前 3 个月应该开始补充叶酸。建议孕妈妈平均每日摄入 0.4 毫克叶酸。

## 14. DHA——胎儿的"脑黄金"

功效：DHA 能预防早产，增加胎儿出生时的体重。服用 DHA 的孕妈妈妊娠期较长，比一般产妇的早产率下降 1%，产期推迟 12 天，胎儿出生时体重增加 100 克。DHA 对胎儿大脑细胞，特别是神经传导系统的生长、发育起着重要作用。孕妈妈摄入足够 DHA，能保证胎儿大脑和视网膜的正常发育。

缺乏的影响：如果孕妈妈缺少 DHA，胎儿的脑细胞膜和视网膜中脑磷脂就会不足，对胎儿大脑及视网膜的形成和发育极为不利，甚至会造成流产、早产、死胎或胎儿发育迟缓。

建议摄取量：孕妈妈在 1 周之内至少要吃 1 ~ 2 次鱼，以吸收足够的 DHA。建议每日摄入 DHA 不低于 300 毫克。

## 15. 钙——母胎骨骼发育的"密码"

功效：钙可有效降低孕妈妈子宫的收缩压、舒张压，减少子痫前症的发生；保证大脑正常工作，对脑的异常兴奋进行抑制，使脑细胞避免有害刺激；维护骨骼的健康，维持心脏、肾脏的正常功能和血管健康，维持细胞的正常状态，有效控制孕妈妈在孕期所患的炎症和水肿。

缺乏的影响：孕妈妈缺乏钙，会对各种刺激变得敏感、情绪容易激动、烦躁不安、易患骨质疏松症，进而导致软骨症，使骨盆变形，造成难产。而且对胎儿有一定的影响，如智力发育不良、新生儿体重过低、颅骨钙化不良、前囟门长时间不能闭合，还易患先天性佝偻病。

建议摄取量：备孕期、孕早期建议每日补充 800 毫克钙，孕中期 1000 毫克，孕晚期 1500 毫克。每日饮用 200 ~ 300 毫升牛奶或其他奶类，膳食不足的孕妈妈可补充钙制剂。

## 16. 铁——预防缺铁性贫血

功效：铁参与机体内部氧的输送和组织呼吸。孕妈妈体内铁的营养状况直接影响胎儿的发育和成长。准妈妈血红蛋白、血清铁及铁蛋白水平与新生儿血中此三种物质的含量呈正相关，新生儿身长与准妈妈体内血清铁和血红蛋白含量也呈正相关。

缺乏的影响：铁缺乏可以影响细胞免疫力，降低机体的抵抗力，使感染率增高。孕期缺铁性贫血，会导致孕妈妈出现心悸气短、头晕，也会导致胎儿缺氧、生长发育迟缓，出生后出现智力发育障碍。

建议摄取量：孕妈妈每日应至少摄入 18 毫克铁。孕早期每天应至少摄入 15 ~ 20 毫克铁，孕晚期每天应摄入 20 ~ 30 毫克铁。

# 第一章
# 备孕期菜肴

要想顺利地受孕、优生，打好遗传基础，进行适合个人情况的、有计划的孕前准备是必不可少的。就像播种粮食前，先要翻整土地、施基肥一样，备孕妈妈应该做好各方面的准备，尤其是营养准备。备孕期妈妈食用营养丰富的菜肴，可以为怀孕期的身体健康打下良好的基础。

# 紫菜寿司

### 材料

米饭 60 克，紫菜 1 张，肉松 15 克，素火腿、黄瓜各 30 克，嫩姜 2 块，白醋 10 毫升

### 做法

❶ 将黄瓜、嫩姜洗净，与素火腿一起切条。

❷ 米饭加入醋拌匀。

❸ 紫菜放在竹卷帘上，把米饭平铺于紫菜的 1/3 面上，依序放入素火腿、肉松、黄瓜、嫩姜，卷起竹帘，待寿司固定后，取出切片即可。

### 专家点评

这种多彩的、精致的食物所含热量低、脂肪低，是健康、营养的食品之一。紫菜寿司搭配了肉松，既营养又方便，再加上素火腿、黄瓜、嫩姜，口感更好的同时，营养也更均衡。

# 滑子菇扒小白菜

### 材料

小白菜 350 克，滑子菇 150 克，枸杞子 20 克，盐 3 克，鸡精 1 克，蚝油 20 毫升，食用油、水淀粉、高汤各适量

### 做法

❶ 小白菜洗净，切段，入沸水中氽至熟，装盘中；滑子菇洗净；枸杞子洗净。

❷ 炒锅注油烧热，放入滑子菇滑炒至熟，加高汤煮沸，加入枸杞子，加盐、鸡精、蚝油调味，用水淀粉勾芡。

❸ 起锅倒在小白菜上即可。

### 专家点评

这道菜营养丰富，对保持人体的精力和脑力有益处。小白菜能健脾利尿，滑子菇含有脂肪、碳水化合物，对人体尤其是备孕男女非常有益。

# 洋葱牛肉丝

## 材料

牛肉、洋葱各 150 克，姜丝 3 克，蒜片 5 克，料酒 8 毫升，盐、味精、葱花、食用油各适量

## 做法

❶ 牛肉清洗干净，去筋切丝；洋葱清洗干净，切丝备用。

❷ 将牛肉丝用料酒、盐腌制。

❸ 锅上火，加油烧热，放入牛肉丝快火煸炒，再放入蒜片、姜丝，待牛肉炒出香味后加入味精，放入洋葱丝略炒，撒上葱花即可。

## 专家点评

这道菜中的牛肉含有多种营养成分，如脂肪、碳水化合物、维生素 A、钙、磷、钾等，具有补中益气、强筋健骨、补脾益胃、祛湿消肿、化痰息风等功效。其含有的丰富蛋白质，氨基酸组成比猪肉更接近人体需要，能提高机体抗病能力，对强壮身体、补充气血、修复组织等特别有益，是备孕妈妈极佳的补益食品。再加上具有理气和胃、健脾消食、发散风寒、温中通阳、提神健体功效的洋葱，不仅营养更丰富，还可增强体力。

# 紫菜蛋花汤

**材料**

紫菜 250 克，鸡蛋 2 个，姜 5 克，葱 2 克，盐 2 克，味精 3 克

**做法**

❶ 将紫菜用清水泡发后，捞出洗净；葱清洗干净，切成葱花；姜去皮，洗净切末。

❷ 锅上火，加入水煮沸后，下入紫菜。

❸ 待紫菜再沸时，打入鸡蛋，至鸡蛋成形后，下入姜末、葱花，调入盐、味精即可。

# 蜜汁猪肉

**材料**

猪肉（带皮的）、西瓜各 500 克，柠檬 1 个，蜂蜜 100 毫升，白糖 200 克，淀粉适量

**做法**

❶ 猪肉洗净，切块；西瓜扣成圆珠；柠檬挤成汁。

❷ 猪肉块加蜂蜜、白糖入碗，加水，入锅蒸 1 小时，取出，把汤水倒一部分入锅。

❸ 猪肉汤水中加入柠檬汁，用淀粉勾薄芡，淋在猪肉上，用西瓜圆珠装饰即可。

# 牡蛎豆腐羹

**材料**

牡蛎肉 150 克，豆腐 100 克，鸡蛋 80 克，韭菜 50 克，食用油、盐、葱段、香油、高汤各适量

**做法**

❶ 牡蛎肉洗净；豆腐洗净，切成细丝；韭菜清洗干净切末；鸡蛋打入碗中备用。

❷ 锅内倒入食用油，炝香葱，倒入高汤，下入牡蛎肉、豆腐丝，调入盐煲至入味，再下入韭菜末、鸡蛋，淋入香油即可。

# 脆皮白萝卜丸

**材料**

白萝卜 300 克，白菜 50 克，鸡蛋 2 个，盐 3 克，淀粉、食用油各适量

**做法**

❶ 白萝卜去皮清洗干净，切粒；白菜清洗干净，撕成片，焯水后摆盘。

❷ 将淀粉加适量清水、盐，打入鸡蛋搅成糊状，放入白萝卜粒充分混合，做成丸子。

❸ 锅下油烧热，放入白萝卜丸子炸熟，装盘即可食用。

# 枸杞子大白菜

**材料**

大白菜 500 克，枸杞子 20 克，盐、鸡精各 3 克，上汤适量，水淀粉 15 克

**做法**

❶ 将大白菜清洗干净切片；枸杞子入清水中浸泡后清洗干净。

❷ 锅中倒入上汤煮开，放入大白菜煮至软，捞出放入盘中。

❸ 汤中放入枸杞子，加盐、鸡精调味，用水淀粉勾芡，淋在大白菜上即可。

# 红枣蒸南瓜

**材料**

老南瓜 500 克，红枣 25 克，白糖适量

**做法**

❶ 将老南瓜削去硬皮，去瓤后洗净，切成厚薄均匀的片；红枣泡发清洗干净。

❷ 将南瓜片装入盘中，加入白糖拌匀，摆上红枣，放入蒸锅蒸约 30 分钟，至南瓜熟烂即可食用。

# 红豆花生乳鸽汤

### 材料

乳鸽200克,红豆、花生各50克,桂圆肉30克,盐5克

### 做法

❶ 红豆、花生、桂圆肉洗净,浸泡。

❷ 乳鸽宰杀后去毛、内脏,洗净,切大块,入沸水中氽烫,去除血水。

❸ 将1800毫升清水放入瓦锅内,煮沸后加入以上全部材料,以大火煲沸后,改用小火煲2小时,加盐调味即可。

### 专家点评

这道汤中的乳鸽的肉厚而嫩,滋养作用较强,富含蛋白质和少量无机盐等营养成分,是不可多得的食品佳肴;花生含钙量丰富,有强壮骨骼的作用,再加上有补血益气的红豆及桂圆肉,此汤对备孕妈妈有很好的补益效果。

# 韭菜猪血汤

### 材料

猪血200克,韭菜100克,枸杞子10克,食用油20毫升,盐适量,鸡精、葱花各3克

### 做法

❶ 将猪血清洗干净,切小丁焯水;韭菜清洗干净切末;枸杞子清洗干净备用。

❷ 锅上火倒入食用油,将葱花炝香,倒入水,调入盐、鸡精,下入猪血、枸杞子煲至入味,撒入韭菜末即可。

### 专家点评

猪血中所含的铁具有补血养颜的作用,而且猪血中含有的蛋白质,有润肠排毒的作用,可以清除肠道中的废物,对尘埃及金属微粒等有害物质具有净化作用。这道菜能去除备孕妈妈体内多种毒素,有利于其身体健康。

# 风味炒茄丁

## 材料
茄子400克，柿子椒、青豆各30克，猪肉150克，蒜、盐、鸡精、酱油、水淀粉、食用油各适量

## 做法
❶ 将茄子、柿子椒均去蒂清洗干净，切丁；猪肉清洗干净，切粒；青豆清洗干净；蒜去皮清洗干净，切片。

❷ 锅下油烧热，入蒜爆香，放入猪肉略炒，再放入茄子、青豆、柿子椒一起炒，加适量盐、鸡精、酱油调味，起锅前用水淀粉勾芡，装盘即可。

## 专家点评
　　这道菜有增强人体免疫力的功效，是备孕妈妈的良好选择。其中茄子中含有糖类、维生素、蛋白质等，可以补充其身体所需的营养。

# 山药炒虾仁

## 材料
山药300克，虾仁200克，芹菜、胡萝卜各100克，盐3克，鸡精2克，红椒丝、食用油各适量

## 做法
❶ 山药、胡萝卜均去皮清洗干净，切条状；虾仁洗净备用；芹菜清洗干净，切段。

❷ 锅入水烧开，分别将山药、胡萝卜焯水后，捞出沥干备用。

❸ 锅下油烧热，放入虾仁滑炒片刻，再放入山药、芹菜、胡萝卜、红椒丝一起炒，加盐、鸡精调味，炒熟装盘即可。

## 专家点评
　　多吃山药可以帮助胃肠消化吸收，促进肠蠕动，预防和缓解便秘。将山药搭配虾仁、芹菜、胡萝卜，能为备孕妈妈提供丰富的营养。

# 红腰豆鹌鹑煲

### 材料

南瓜 200 克,鹌鹑 1 只,红腰豆 50 克,盐 4 克,味精 2 克,姜片 5 克,高汤、食用油各适量,香油 3 毫升

### 做法

❶ 将南瓜去皮、籽,清洗干净后切滚刀块;鹌鹑洗净,剁块焯水;红腰豆清洗干净。

❷ 炒锅上火倒入食用油,将姜片炝香,下入高汤,调入盐、味精,加入鹌鹑、南瓜、红腰豆煲至熟,淋入香油即可。

### 专家点评

　　这道汤咸鲜味美,可补虚养身、补养气血。鹌鹑肉富含高蛋白、芦丁、磷脂等,可补脾益气、强健筋骨;红腰豆富含维生素 A、维生素 C、维生素 E 及抗氧化物质、蛋白质、镁、磷等多种营养素,有补血、增强免疫力等功效。

# 橙子当归鸡煲

### 材料

橙子、南瓜各 100 克,鸡肉 175 克,当归 6 克,盐、白糖各 3 克,枸杞子、葱花各少许

### 做法

❶ 将橙子、南瓜清洗干净切块;鸡肉洗净切块余烫;当归清洗干净备用。

❷ 煲锅上火倒入水,调入盐、白糖,下入橙子、南瓜、鸡肉、当归、枸杞子煲至熟,撒葱花即可。

### 专家点评

　　橙子具有很强的抗氧化功能,同时也是补充能量的佳品,可以帮助备孕妈妈消除身体炎症,促进细胞再生。橙子与温中益气的鸡肉、增强机体免疫力的南瓜以及有补血活血作用的当归一同煲汤,可以有效提高人体免疫力。

# 山药胡萝卜炖鸡

### 材料

山药 250 克，胡萝卜 1 根，鸡腿 1 只，盐、鸡精各适量

### 做法

❶ 山药洗净削皮，切块；胡萝卜洗净削皮；鸡腿洗净剁块，放入沸水中汆烫，捞起。

❷ 鸡腿肉、胡萝卜先下锅，加水至盖过材料，以大火煮开后转小火炖 15 分钟。

❸ 下山药后用大火煮沸，改用小火续煮 10 分钟，加盐、鸡精调味即可。

### 专家点评

这道汤中含有丰富的蛋白质、碳水化合物、维生素、钙、铁、锌等多种营养素，能提高机体免疫力、预防高血压、降低胆固醇、健运脾胃。山药具有止泻、助消化、敛虚汗、滋补强壮等功效，对脾虚腹泻、肺虚咳嗽、消化不良性肠炎等有很好的食疗效果。此外，山药中还含有淀粉酶，能分解蛋白质和糖，有减肥轻身的作用，非常适合体胖的备孕妈妈食用。

# 家常烧带鱼

### 材料

带鱼 800 克, 盐 5 克, 葱白 10 克, 料酒 15 毫升, 蒜 20 克, 淀粉 30 克, 香油、食用油各适量

### 做法

❶ 带鱼收拾干净, 切块; 葱白清洗干净, 切段; 蒜去皮洗净, 切片备用。

❷ 带鱼加盐、料酒腌制 5 分钟, 再抹一些淀粉, 下油锅中炸至金黄色。

❸ 加入水, 煮至鱼熟后, 加入葱白、蒜片炒匀, 以剩余淀粉勾芡, 淋上香油即可。

### 专家点评

　　带鱼营养丰富, 非常适合备孕妈妈食用。这道菜味道鲜美, 鱼肉软嫩, 营养丰富, 富含蛋白质、不饱和脂肪酸、钙、磷、镁及多种维生素。备孕妈妈吃这道菜, 有滋补强身、补中益气及养肝补血的功效。

# 西瓜炒鸡蛋

### 材料

西瓜 100 克, 鸡蛋 3 个, 盐 3 克, 葱 10 克, 生抽、香油各 10 毫升, 食用油适量

### 做法

❶ 葱清洗干净, 切成碎末; 鸡蛋打入碗中, 加盐, 用筷子沿顺时针方向搅拌均匀; 西瓜用挖球器挖成小球。

❷ 炒锅上火, 下油烧至六成热, 下鸡蛋炒散, 炒至金黄色时, 下入西瓜球炒匀。

❸ 再放入盐、生抽、香油调味, 撒上葱末, 盛盘即可。

### 专家点评

　　这道菜营养丰富, 含有丰富的维生素 A、B 族维生素、维生素 C, 大量的有机酸、磷、钙、铁等矿物质, 具有增进食欲、降血压、滋阴的功效。

# 排骨海带煲鸡

**材料**

嫩鸡 250 克，排骨 200 克，海带结 100 克，枸杞子 2 克，盐、味精各少许，葱花、姜各 3 克，食用油适量

**做法**

❶ 将嫩鸡洗净剁块；排骨清洗干净剁块；海带结清洗干净；枸杞子清洗干净备用。

❷ 净锅上火，倒入油、姜炒香，下入海带翻炒几下，倒入水，加入鸡块、排骨、枸杞子，调入盐、味精，小火煲至全熟，放入葱花即可。

**专家点评**

　　海带含有丰富的碘、钙等营养素；排骨含有丰富的骨胶原等营养素；鸡肉也含有丰富的蛋白质、钙、铁等营养素。这些食材与枸杞子一起煲汤食用，不仅营养十足，还能增强体质。

# 山药黄瓜煲鸭

**材料**

鸭肉块 300 克，山药 150 克，黄瓜 50 克，食用油 30 毫升，盐少许，味精 3 克，香油 3 毫升，葱、姜、红椒圈各 5 克

**做法**

❶ 将鸭肉块清洗干净；山药、黄瓜清洗干净切块备用。

❷ 炒锅上火，倒入食用油，将葱、姜爆香，倒入水，调入盐、味精，下鸭块、山药、黄瓜煲至熟，淋入香油，撒葱花、红椒圈即可。

**专家点评**

　　鸭肉有滋阴润肺、增强脾胃功能的功效；黄瓜有清热、解渴和利尿的功效；山药有很强的滋阴作用，与鸭肉、黄瓜一同煲汤，有清热解毒之效，适合备孕妈妈清热排毒之用。

# 鸭肉炖黄豆

**材料**

鸭半只，黄豆 200 克，姜 5 克，上汤 750 毫升，盐、味精各适量

**做法**

❶ 将鸭洗净剁块；黄豆洗净；姜洗净，切片备用。

❷ 鸭块与黄豆一起入锅汆烫，捞出。

❸ 上汤倒入锅中，放入鸭块、黄豆和姜片，炖 1 小时后调入盐、味精即可。

# 百合鱼片汤

**材料**

草鱼肉 200 克，水发百合 10 克，干无花果 4 颗，荸荠（罐装）5 颗，盐 5 克，香油 3 毫升，葱花、枸杞子各适量

**做法**

❶ 草鱼肉洗净切片；水发百合洗净；干无花果浸泡清洗干净；荸荠稍洗切片备用。

❷ 净锅上火倒入水，调入盐，下入草鱼肉、水发百合、干无花果、荸荠、枸杞子煲至熟，淋入香油，撒葱花即可。

# 西红柿猪肝汤

**材料**

西红柿 1 个，猪肝 150 克，金针菇 50 克，虾米少许，盐、味精各 2 克，酱油 5 毫升，鸡精 1 克，食用油适量

**做法**

❶ 猪肝洗净切片，汆去血水；西红柿洗净去皮、切块；虾米、金针菇分别洗净。

❷ 锅上火，加油，加入适量清水，下入猪肝、金针菇、虾米、西红柿和剩余材料一起煮 10 分钟，搅拌均匀即可。

# 姜汁豆角

**材料**

豆角400克，老姜50克，醋15毫升，盐5克，味精1克，香油10毫升，糖少许

**做法**

❶ 豆角洗净，切成约5厘米长的段，待用。

❷ 切好的豆角入沸水中烫熟，捞起沥干。

❸ 将老姜切细，捣烂，用纱布包好挤汁，和除豆角外的材料一起调匀，浇在豆角上，整理成形即可。

# 什锦芦笋

**材料**

无花果、鲜百合各100克，芦笋、冬瓜各200克，香油、盐、味精、食用油各适量

**做法**

❶ 芦笋洗净切成斜段，焯熟，捞出；鲜百合浸泡，掰成片；冬瓜去皮，切片；无花果洗净。

❷ 油锅烧热，放芦笋、冬瓜煸炒，下入百合、无花果炒片刻，下盐、味精，淋香油后装盘即可。

# 胡萝卜烩木耳

**材料**

胡萝卜200克，黑木耳20克，生抽、料酒、鸡精、葱段、盐、姜片、食用油各适量

**做法**

❶ 黑木耳用冷水泡发，清洗干净；胡萝卜清洗干净，切片。

❷ 锅置火上倒入油，待油烧至七成热时，放入姜片、葱段煸炒，随后放黑木耳稍炒一下，再放胡萝卜片，最后依次放料酒、盐、生抽、鸡精，炒匀即可。

# 香蕉薄饼

## 材料

香蕉 1 根，面粉 300 克，鸡蛋 1 个，盐、葱花各 4 克，味精 1 克，食用油少许

## 做法

1. 把鸡蛋打匀，放入捣成泥的香蕉，加水、面粉调成面糊。
2. 再放葱花、盐、味精搅匀。
3. 油锅烧热，放入少许油，将面糊倒入锅内，摊薄，两面煎至金黄色即可。

# 青椒拌花菜

## 材料

花菜 300 克，青椒 1 个，香油 5 毫升，白糖 40 克，醋 15 毫升，盐少许

## 做法

1. 将花菜洗净，切成小块；青椒去蒂和籽，洗净后切小块。
2. 将青椒和花菜放入沸水锅内烫熟，捞出，用凉水过凉，沥干水分，放入盘内。
3. 花菜、青椒加入盐、白糖、醋、香油一起拌匀即成。

# 脆皮香蕉

## 材料

香蕉 1 根，吉士粉、泡打粉各 10 克，面粉 250 克，白糖、淀粉各 30 克，食用油适量

## 做法

1. 将白糖、吉士粉、面粉、泡打粉、淀粉放入碗中，加入水和匀制成面糊。
2. 香蕉去皮切段，放入调好的面糊中，均匀裹上一层面糊。
3. 将香蕉放入烧热的油锅中，炸至金黄色即可捞出。

# 大白菜粉丝盐煎肉

**材料**

大白菜、五花肉各 200 克，粉丝 50 克，盐 3 克，酱油 10 毫升，葱花 8 克，食用油适量

**做法**

❶ 大白菜洗净，切大块；粉丝用温水泡软；五花肉清洗干净，切片，用盐腌 10 分钟。

❷ 油锅爆香葱花，下五花肉炒至变色，下大白菜炒匀。

❸ 加粉丝和开水，加酱油、盐炒匀，大火烧开，转小火焖至汤汁浓稠即可。

# 芝麻炒小白菜

**材料**

小白菜 500 克，白芝麻 15 克，姜丝、红椒丝各 10 克，盐 3 克，食用油适量

**做法**

❶ 放少许白芝麻到锅里，锅热后转小火，不断地炒白芝麻，香味出来时盛盘。

❷ 小白菜清洗干净；锅加油烧热，放姜丝炝锅，再放入小白菜，大火快炒，然后放盐调味，等菜熟时把刚才准备好的白芝麻、红椒丝放进去，再翻炒两下即可出锅。

# 胡萝卜炒猪肝

**材料**

猪肝 250 克，胡萝卜 150 克，水淀粉 20 克，盐、味精、葱、姜末、食用油、料酒各适量

**做法**

❶ 胡萝卜、猪肝均清洗干净，切成薄片；猪肝片加盐、味精、水淀粉拌匀。

❷ 锅中倒入清水，烧至八成热时，放入腌好的猪肝片，煮至七成熟时捞出沥水。

❸ 油烧热，加入葱、姜末爆香，加胡萝卜略炒，倒入猪肝，加料酒快速翻炒至熟。

# 苹果草鱼汤

### 材料

草鱼 300 克，苹果 200 克，桂圆肉 50 克，食用油 30 毫升，盐少许，味精、葱末、姜丝各 3 克，高汤、红椒片各适量

### 做法

❶ 将草鱼收拾干净切块；苹果清洗干净，去皮、核，切块；桂圆肉清洗干净备用。

❷ 净锅上火倒入食用油，将葱末、姜丝爆香，下入草鱼微煎，倒入高汤，调入盐、味精，再下入苹果、桂圆肉、红椒片煲至熟即可。

### 专家点评

这道汤有浓浓的苹果味，可健养脾胃、补充气血，缓解水肿、头晕和失眠。苹果有助消化、开胃、补中益气等功效。桂圆肉有补心脾、益气血的功效。草鱼有补脾益气、利水消肿之效，有助于备孕妈妈调理身体、滋养脾胃。

# 山药鳝鱼汤

### 材料

鳝鱼 2 条，山药 25 克，枸杞子 5 克，盐 4 克，葱末、姜片各 2 克

### 做法

❶ 将鳝鱼收拾干净切段，氽烫；山药去皮清洗干净，切片；枸杞子清洗干净备用。

❷ 净锅上火，调入盐、葱末、姜片，下入鳝鱼、山药、枸杞子煲至熟即可。

### 专家点评

鳝鱼的营养价值很高，含有维生素 $B_1$ 和维生素 $B_2$、烟酸及人体所需的多种氨基酸等，可以预防因消化不良引起的腹泻，还可以保护心血管。同时，鳝鱼还具有补血益气、宣痹通络的保健功效，且山药是滋肾补虚佳品。此道汤是备孕妈妈的补益养生靓汤。

# 党参鳝鱼汤

**材料**

鳝鱼 175 克，党参 3 克，食用油 20 毫升，盐 3 克，味精 2 克，葱段、姜末、红椒圈各 3 克，香油 4 毫升

**做法**

❶ 将鳝鱼收拾干净切段；党参洗净备用。

❷ 锅上火倒入水烧沸，下入鳝鱼段汆烫，至去除血水时捞起冲净。

❸ 净锅上火倒入油，葱、姜、党参炒香，下入鳝鱼段煸炒，倒入水，调入盐、味精煲至熟，最后淋入香油、撒上红椒圈即可。

**专家点评**

　　这道汤含有丰富的蛋白质、菊糖、生物碱、黏液质、维生素 A、维生素 E 及钙、磷、钾、钠、镁等多种营养素，有滋阴补血、强健筋骨的作用。适宜面色苍白、少气懒言的备孕妈妈饮用。

# 黄瓜章鱼煲

**材料**

章鱼 250 克，黄瓜 200 克，高汤适量，盐 3 克，枸杞子少许

**做法**

❶ 将章鱼收拾干净切块；黄瓜清洗干净切块备用。

❷ 净锅上火倒入高汤，烧沸后调入盐。

❸ 下入黄瓜煮 5 分钟，再下入准备好的章鱼煲至熟透即可。

**专家点评**

　　章鱼含有丰富的蛋白质、矿物质等营养元素，还富含抗疲劳、抗衰老的重要保健因子——天然牛磺酸。备孕妈妈饮用此汤，可以补血益气、增强身体免疫力。另外，此汤还适合气血虚弱、头晕体倦、产后乳汁不足的产后新妈妈饮用。

# 山药韭菜煎牡蛎

**材料**

山药 100 克，韭菜 150 克，牡蛎 300 克，枸杞子 5 克，盐 3 克，地瓜粉、食用油各适量

**做法**

❶ 将牡蛎清洗干净杂质，沥干。

❷ 山药去皮，清洗干净，磨成泥；韭菜去烂叶，清洗干净切细；枸杞子泡软，沥干。

❸ 将地瓜粉加适量水拌匀，加入牡蛎和山药泥、韭菜末、枸杞子，并加盐调味。

❹ 锅加热放入油，倒入做法❸的材料煎熟。

# 木瓜炒墨鱼片

**材料**

墨鱼 300 克，木瓜 150 克，芦笋、莴笋各适量，盐 4 克，味精 2 克，食用油适量

**做法**

❶ 墨鱼收拾干净，切片；木瓜去皮洗净，切块；芦笋清洗干净，切段；莴笋清洗干净，去皮，切块备用。

❷ 墨鱼汆烫后捞出，沥干；油锅烧热，放墨鱼、盐炒匀，再加木瓜、芦笋、莴笋翻炒，再加入味精炒匀即可。

# 油菜炒虾仁

**材料**

虾仁 30 克，油菜 100 克，葱、姜、盐、食用油各少许

**做法**

❶ 将油菜清洗干净后切成段，用沸水焯一下，备用。

❷ 将虾仁清洗干净，除去虾线，用水浸泡片刻，下油锅翻炒。

❸ 再下入油菜，加剩余材料炒熟即可。

# 芙蓉木耳

**材料**

水发黑木耳 250 克，鸡蛋 4 个，盐、味精、食用油各适量，青菜、胡萝卜片各少许

**做法**

❶ 鸡蛋取蛋清打散，用油炒散。

❷ 黑木耳清洗干净，焯水备用。

❸ 锅留底油，下入黑木耳、洗净的青菜、胡萝卜片、鸡蛋清，加入盐、味精，翻炒均匀即可。

# 豆腐蒸三文鱼

**材料**

老豆腐 400 克，新鲜三文鱼 300 克，葱丝、姜丝各 5 克，盐 3 克

**做法**

❶ 豆腐洗净横面平剖为二，平摆在盘中；三文鱼收拾干净，斜切成约 1 厘米厚的片状，依序排列在豆腐上。

❷ 葱丝、姜丝铺在鱼上，均匀撒上盐。

❸ 蒸锅中加 1500 毫升水煮开后，将盘子移入，以大火蒸 3～5 分钟即可。

# 荷兰豆炒鲜鱿

**材料**

鱿鱼 80 克，荷兰豆 150 克，盐、味精各 3 克，生抽 10 毫升，食用油适量

**做法**

❶ 鱿鱼收拾干净，切薄片，入水中焯一下；荷兰豆洗净，切去头、尾。

❷ 炒锅上火，注油烧至六成热，放入鱿鱼稍炒至八成熟。

❸ 下入荷兰豆煸炒均匀，加盐、味精、生抽调味，盛盘即可。

# 章鱼海带汤

### 材料
章鱼 150 克，胡萝卜 75 克，海带片 45 克，盐少许，味精 3 克，高汤适量

### 做法
❶ 将章鱼收拾干净切块；胡萝卜去皮清洗干净切片；海带片清洗干净备用。

❷ 净锅上火倒入高汤，大火烧开。

❸ 高汤煮沸后，下入章鱼、海带片、胡萝卜片烧开，调入盐、味精，煲至熟即可。

### 专家点评
　　这是一道鲜美爽口的滋阴养胃汤。海带中含有大量的碘，可排除体内毒素，预防新生儿因碘缺乏引起的智力缺陷。章鱼可降低血液中的胆固醇含量，改善肝脏功能。胡萝卜具有促进机体生长及保护视力的作用。这道汤有化痰散结、养阴生津、补虚润肤的功效。

# 莲子鹌鹑煲

### 材料
鹌鹑 400 克，莲子 100 克，油菜 30 克，盐、枸杞子各少许，味精 3 克，高汤、香油各适量

### 做法
❶ 将鹌鹑收拾干净，斩块氽烫；莲子清洗干净；油菜清洗干净，撕成小片备用。

❷ 炒锅上火倒入高汤，下入鹌鹑、莲子、枸杞子，调入盐、味精，小火煲至熟时，下入油菜，淋入香油即可。

### 专家点评
　　鹌鹑有"动物人参"之称，它富含蛋白质、脂肪、多种维生素和多种人体必需的氨基酸。其中，卵磷脂是构成神经组织和大脑代谢的重要物质，而丰富的矿物质和维生素是健全大脑功能和促进智力发育的必需物质。

# 什锦水果杏仁冻

## 材料

杏仁粉24克，琼脂8克，柳橙、苹果各40克，西瓜60克，脱脂鲜奶120毫升

## 做法

❶ 将水放入锅中，开中火煮至水沸后加入杏仁粉搅拌均匀，待再沸腾时加入琼脂，边煮边搅拌，待呈黏稠状即可熄火，倒入方形模型中，晾凉至凝固。

❷ 将凝固的杏仁冻倒出，切小丁，备用；柳橙洗净，去皮，切丁；西瓜洗净，去皮，切丁；苹果洗净去皮，切小丁。

❸ 将杏仁冻丁、柳橙丁、西瓜丁、苹果丁放入碗中，加入脱脂鲜奶拌匀即可。

## 专家点评

苹果具有生津止渴、健胃消食、清热除烦的功效。西瓜甘甜多汁、清爽解渴，且富含多种营养成分。杏仁富含蛋白质、脂肪、胡萝卜素、B族维生素、维生素C及钙、磷、铁等营养成分。柳橙含有多种不同的植物化学成分，具有解毒、消炎等功效。常食此菜有清热生津、健脾开胃的作用，非常适合备孕妈妈补养身体时食用。

# 海带蛤蜊排骨汤

### 材料

海带结 200 克，蛤蜊 300 克，排骨 250 克，胡萝卜半根，姜 1 块，盐 5 克

### 做法

❶ 蛤蜊泡盐水中，待其吐沙后，洗净，沥干，备用。

❷ 排骨汆去血水，洗净；海带结洗净；胡萝卜削皮，切块；姜清洗干净，切片。

❸ 将排骨、姜、胡萝卜入锅，加水煮沸，转小火炖约半小时，下海带结续炖 15 分钟。

❹ 待排骨熟烂，转大火，倒入蛤蜊，待蛤蜊开口，酌加盐调味即可。

### 专家点评

　　猪肉是维生素 $B_{12}$ 的主要来源之一。维生素 $B_{12}$ 能促使注意力集中、增强记忆力，并能消除烦躁的情绪，有益于备孕妈妈调养身体。

# 白萝卜炖牛肉

### 材料

白萝卜 200 克，牛肉 300 克，盐 4 克，香菜段 3 克

### 做法

❶ 白萝卜清洗干净去皮，切块；牛肉清洗干净切块，汆烫后沥干。

❷ 锅中倒水，下入牛肉和白萝卜煮开，转小火熬约 35 分钟。

❸ 加盐调味，撒上香菜即可。

### 专家点评

　　这道美食可补血益气、健脾养胃，对气血亏损、头晕乏力、腹胀积食、食欲不振、营养不良等症状有缓解作用。其中，牛肉中蛋白质含量高，而脂肪含量低，营养价值高，而白萝卜具有促进消化、增强食欲的作用，二者搭配，很适合备孕妈妈食用。

# 手撕带鱼

### 材料
带鱼 350 克，熟白芝麻 5 克，盐 3 克，料酒、酱油各 10 毫升，葱花 10 克，香油、食用油各适量

### 做法
❶ 带鱼收拾干净，汆烫后捞出，沥干水分。

❷ 油锅烧热，放入带鱼炸至金黄色，待凉后撕成小条。

❸ 锅留底油，下入鱼条，调入盐、料酒、酱油炒匀，淋入香油，撒上熟白芝麻、葱花即可。

### 专家点评
　　带鱼所含脂肪多为不饱和脂肪酸，且蛋白质含量也很高，还含有较丰富的钙、磷及多种维生素，可为大脑提供丰富的营养成分。特别是带鱼中的卵磷脂，对提高智力大有帮助。

# 老黄瓜煮泥鳅

### 材料
泥鳅 400 克，老黄瓜 100 克，盐 3 克，醋 10 毫升，酱油 15 毫升，香菜少许，食用油适量

### 做法
❶ 泥鳅收拾干净，切段；老黄瓜清洗干净，去皮，切块；香菜清洗干净。

❷ 锅内注油烧热，放入泥鳅翻炒至变色，注入适量水，并放入老黄瓜焖煮。

❸ 煮至泥鳅熟后，加入盐、醋、酱油调味，撒上香菜即可。

### 专家点评
　　这道汤清鲜美味，属高蛋白、低脂肪食物。泥鳅有抗衰老、补中益气、养肾生精的功效。老黄瓜则可起到美容养颜的作用，能有效地促进机体的新陈代谢，适合备孕妈妈食用。

# 肉末豆角

## 材料

豆角 300 克，猪瘦肉、红甜椒各 50 克，姜末、蒜末各 10 克，盐、味精、食用油各适量

## 做法

❶ 豆角、红甜椒洗净，切碎；猪瘦肉洗净，切末。

❷ 锅注油烧热，放入肉末炒香，加入红甜椒末、姜末、蒜末一起炒出香味。

❸ 放入豆角末，调入盐、味精，炒匀即可。

# 酱香鳊鱼

## 材料

鳊鱼 1 条，盐、酱油、水淀粉、白糖、姜、蒜、料酒、老抽、食用油各适量

## 做法

❶ 鳊鱼处理干净，鱼头对半切开，鱼肉切条，下锅煎至半熟；姜、蒜洗净切末。

❷ 用油锅爆香姜末、蒜末，加酱油、白糖、料酒、盐、老抽和水烧开，放鱼头、鱼尾和鱼肉，中火焖烧 10 分钟，捞出装盘。

❸ 锅内汤汁加水淀粉勾芡，淋在鱼上即可。

# 虾米炒白萝卜丝

## 材料

虾米 50 克，白萝卜 350 克，姜 1 块，红椒 1 个，料酒 10 毫升，盐、鸡精各 3 克，食用油适量

## 做法

❶ 虾米泡涨；白萝卜、姜切丝；红椒切片。

❷ 炒锅置火上，加水烧开，下白萝卜丝焯水，倒入漏勺滤干水分。

❸ 炒锅上火加入食用油，爆香姜丝，下白萝卜丝、红椒片、虾米，放入剩余材料，炒匀出锅，装盘即可。

# 天麻归杞鱼头汤

**材料**

三文鱼头 1 个，天麻、当归、枸杞子各 5 克，西蓝花 150 克，蘑菇 3 朵，盐 3 克

**做法**

❶ 鱼头去鳞、腮，清洗干净；西蓝花撕去梗上的硬皮，洗净切小朵。

❷ 将天麻、当归、枸杞子洗净，以 5 碗水熬至约剩 4 碗水，放入鱼头煮至将熟。

❸ 加入西蓝花和蘑菇煮熟，加盐调味即成。

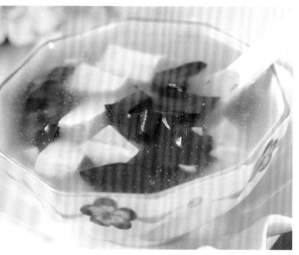

# 红白豆腐

**材料**

豆腐、猪血各 150 克，葱 20 克，姜 5 克，红甜椒 1 个，盐 4 克，味精 2 克，食用油适量

**做法**

❶ 豆腐、猪血洗净切成小块；红甜椒、姜洗净切片；葱洗净切花。

❷ 水烧开，下猪血、豆腐，汆烫后捞出。

❸ 将葱、姜、红甜椒片下入油锅中爆香后，再下入猪血、豆腐稍炒，加入适量清水焖熟后，加盐、味精调味即可。

# 蔬菜海鲜汤

**材料**

虾、鱼肉、西蓝花各 30 克，盐、鸡精各适量

**做法**

❶ 虾收拾干净；鱼肉收拾干净切块；西蓝花清洗干净，切块。

❷ 将适量清水放入瓦锅内，煮沸后放入虾、鱼肉、西蓝花，大火煲沸后，改用小火煲 30 分钟。

❸ 加盐、鸡精调味，即可食用。

# 上汤菠菜

### 材料

菠菜 500 克，咸蛋、皮蛋、鸡蛋各 1 个，三花淡奶 50 毫升，盐 3 克，蒜 6 瓣

### 做法

❶ 菠菜清洗干净，入盐水中氽烫，装盘；咸蛋、皮蛋各切成丁状；蒜洗净，对半切。

❷ 锅中放 100 毫升水，倒入咸蛋、皮蛋、蒜、盐煮开，再加三花淡奶煮沸，最后下鸡蛋清煮匀，即成美味的上汤。

❸ 将上汤倒于菠菜上即可。

### 专家点评

这道菜清新爽口，是备孕妈妈较佳的菜品选择之一。因为菠菜中含有丰富的维生素 C、胡萝卜素及铁、钙、磷等矿物质，可帮助备孕妈妈预防缺铁性贫血，还可以增强备孕妈妈的体质。

# 芝麻花生拌菠菜

### 材料

菠菜 400 克，花生仁 150 克，白芝麻 50 克，醋、香油各 15 毫升，盐 3 克，鸡精 2 克，食用油适量

### 做法

❶ 将菠菜清洗干净，切段，焯水捞出装盘待用；花生仁清洗干净，入油锅炸熟；白芝麻炒香。

❷ 将菠菜、花生仁、白芝麻搅拌均匀，再加入醋、香油、盐和鸡精充分搅拌入味。

### 专家点评

这道菜有补血养颜、防癌抗癌、润肠通便的作用。菠菜中含有大量的植物粗纤维，有润肠通便的作用。花生中含有丰富的卵磷脂，可降低胆固醇、防治高血压和冠心病，并且还含有维生素 E 和锌，能增强记忆力、抗衰老。

# 玉米炒虾仁

### 材料

虾仁 100 克，玉米粒 200 克，豌豆 50 克，火腿适量，盐 3 克，味精 1 克，白糖、食用油、料酒、水淀粉各适量

### 做法

❶ 虾仁清洗干净，沥干；玉米粒、豌豆分别清洗干净，焯至断生，捞出沥干；火腿切丁备用。

❷ 锅中注油烧热，下虾仁和火腿，调入料酒炒至变色，加入玉米粒和豌豆同炒。

❸ 待所有材料均炒熟时，加入白糖、盐和味精调味，用水淀粉勾薄芡，炒匀即可。

### 专家点评

　　虾含有丰富的钙，备孕时可以适量多吃虾，为胎儿骨骼生长与脑部发育提供必要的营养素；玉米中的膳食纤维有助于通便排毒。

# 酥香泥鳅

### 材料

泥鳅 350 克，生菜 100 克，盐 3 克，味精、食用油、酱油、料酒、葱各少许

### 做法

❶ 泥鳅收拾干净切段；生菜清洗干净，铺在盘底；葱清洗干净切段。

❷ 油锅烧热，放入葱炒香，捞出葱留葱油，下泥鳅煎至变色后捞出。

❸ 原锅调入酱油、料酒，再放入泥鳅，加盐、味精烧至收汁即可装盘。

### 专家点评

　　这道菜营养丰富，有暖中益气之功效，能解渴醒酒、利小便。泥鳅富含多种维生素及钙、磷、铁、锌等营养素，备孕妈妈食用可补血强身。

# 黄瓜熘肉片

### 材料

黄瓜、猪瘦肉各 100 克，鸡蛋 1 个，水淀粉 30 克，葱丝、青蒜段、姜末、料酒、盐、味精、食用油各适量

### 做法

❶ 将猪瘦肉清洗干净，切成薄片；黄瓜洗净切成片。

❷ 将猪肉片用鸡蛋清、大半份水淀粉裹匀，用剩余的水淀粉把葱丝、青蒜、姜末、味精、盐、料酒调成芡汁。

❸ 将锅放在火上，加入食用油，烧至四五成热时，把猪肉片放入炒熟后，捞出沥油；锅内留底油，把肉片入锅内，再将黄瓜放入，共同翻炒几下，放入芡汁搅匀，出锅装盘即成。

# 白果炒小油菜

### 材料

小油菜 400 克，白果 100 克，盐 3 克，鸡精 1 克，水淀粉、食用油各适量

### 做法

❶ 将小油菜清洗干净，对半剖开；白果清洗干净，入沸水锅中氽烫，捞起沥干。

❷ 炒锅注油烧热，放入小油菜略炒，再加入白果翻炒。

❸ 加少量水烧开，待水快烧干时，加盐和鸡精调味，用水淀粉勾芡即可。

### 专家点评

这道菜清脆爽口，可以改善备孕妈妈的食欲。油菜和白果营养丰富，能增强身体免疫力，改善大脑功能，将备孕妈妈的身体调整至最佳状态，而且，经常食用白果，还可以滋阴养颜。

# 游龙四宝

### 材料

鱿鱼、虾仁、香菇、干贝各 100 克，油菜 50 克，盐 3 克，味精、料酒、香油、食用油各适量

### 做法

❶ 鱿鱼收拾干净后切花；虾仁收拾干净；香菇清洗干净后切片；干贝用温水泡发；油菜清洗干净，焯水后捞出装盘。

❷ 油锅烧热，烹入料酒，放入鱿鱼、虾仁、干贝、香菇，炒至将熟时放入盐、味精、香油，入味后盛入装油菜的盘中即可。

### 专家点评

　　这道菜含有人体所需的蛋白质、氨基酸、钙、铁、锌等营养成分，不仅有利于骨骼生长和造血，预防缺铁性贫血，还有强身健体的功效。此外，还有缓解疲劳、保护视力、改善肝脏功能的作用，是备孕妈妈的上佳选择。

# 富贵墨鱼片

### 材料

墨鱼片 150 克，西蓝花 250 克，干葱花 3 克，姜、笋片各 5 克，盐、味精、香油各少许，西红柿块适量

### 做法

❶ 将墨鱼片改刀待用；西红柿块摆盘底。

❷ 净锅加水烧开，入笋片、西蓝花汆熟，排在盘上。

❸ 把墨鱼片加剩余材料炒熟，放在笋片和西蓝花上即可食用。

### 专家点评

　　这道菜可养血滋补、强身健体，尤其适合备孕妈妈食用。墨鱼营养丰富，具有养血滋阴、健脾补肾的功效。西蓝花可缓解肌肤衰老，一直是为人们所推荐的十大健康食品之一，被誉为"蔬菜之皇"。

# 苦瓜蜜橘煲鸡块

**材料**

苦瓜 150 克，蜜橘 75 克，三黄鸡 50 克，盐、味精各 3 克，香油 5 毫升，枸杞子 4 克，食用油适量

**做法**

❶ 苦瓜洗净切块；蜜橘去皮剥瓣；枸杞子泡发；三黄鸡洗净斩块，汆烫。

❷ 净锅上火倒入油，下入鸡块煸炒，再下入苦瓜、蜜橘同炒几下，倒入水烧开。

❸ 调入盐、味精煲至熟，淋入香油，撒入枸杞子即可。

**专家点评**

　　这道菜是备孕妈妈理想的营养食品。蜜橘味甘甜，具有开胃理气、润肺止咳的功效，且富含维生素 C 和柠檬酸，可有效消除疲劳。

# 香干鸡片汤

**材料**

香干 100 克，鸡胸肉 65 克，香菜 10 克，食用油 20 毫升，盐适量，味精 3 克，葱、枸杞子各 4 克，香油 2 毫升，酱油 8 毫升

**做法**

❶ 将香干洗净切片；鸡胸肉洗净切片；香菜择洗干净，切成段备用。

❷ 锅上火倒入食用油，下入葱炝香，下鸡胸肉略炒，烹入酱油，倒入水，调入盐、味精烧沸，下入香干、枸杞子、香菜，淋入香油即可。

**专家点评**

　　鸡肉富含蛋白质、脂肪、钙、磷、铁、钾、钠、维生素 C 等营养成分，具有温中补脾、益气养血、补肾益精等功效，是备孕期女性的优选食品之一。

# 风味鸡腿煲

### 材料

鸡腿 300 克，洋葱 50 克，盐 5 克，葱丝、姜各 2 克，枸杞子少许，风味豆豉 8 克

### 做法

❶ 将鸡腿清洗干净，斩块汆烫；洋葱洗净切块备用。

❷ 煲锅上火倒入水，调入盐、葱丝、姜、枸杞子、风味豆豉，下入鸡腿、洋葱煲至全熟即可。

### 专家点评

　　鸡腿肉的蛋白质含量非常高，具有温中益气、补虚填精、健脾养胃、强筋壮骨等功效，且其消化率高，很容易被人体吸收利用。备孕妈妈食用可以很好地增强体力、强壮身体。

# 土豆豆角煲鸡块

### 材料

鸡腿肉 250 克，土豆 75 克，豆角 50 克，盐 5 克，酱油、葱花、红椒圈各少许

### 做法

❶ 将鸡腿肉洗净、斩块、汆烫；土豆去皮、洗净、切块；豆角择洗干净，切段备用。

❷ 净锅上火倒入适量水，下入鸡块、土豆、豆角，调入酱油、盐煲至全熟，撒上葱花、红椒圈即可。

### 专家点评

　　土豆含有丰富的膳食纤维，可促进胃肠蠕动、润肠通便。土豆还富含 B 族维生素及优质淀粉，可以起到抗衰老及降低血压的作用。此外，土豆可以为人体提供大量的热量，非常适合备孕妈妈食用。

# 什锦煲鸡

## 材料

老鸡 300 克，火腿 100 克，水发香菇 50 克，黑豆 30 克，青豆 20 克，盐、食用油各适量，香油 3 毫升，葱、枸杞子各 5 克

## 做法

❶ 将老鸡洗净斩块汆烫；火腿切片；香菇去根洗净切块；黑豆、青豆分别洗净。

❷ 锅上火，倒入油，下入葱炝香，倒入水，调入盐，加老鸡、火腿、香菇、黑豆、青豆、枸杞子煲至熟，淋入香油即可。

# 双耳煲鸡

## 材料

嫩鸡 250 克，黑木耳、银耳各 50 克，盐、食用油各适量，味精 2 克，姜丝、香菜、红椒丝各 3 克，香油 4 毫升

## 做法

❶ 将嫩鸡洗净剁小块；黑木耳、银耳泡发均撕成小块，备用。

❷ 净锅上火倒油，炝香姜丝，下入鸡块、黑木耳、银耳同炒，加水调入盐、味精煲至熟，淋入香油，撒入香菜、红椒丝即可。

# 干姜黄精煲鸡

## 材料

老母鸡 250 克，干姜 150 克，黄精 75 克，高汤、盐各少许，味精 2 克，葱、姜、红椒丝各 6 克

## 做法

❶ 将老母鸡洗干净，剁块汆烫；干姜、黄精洗净备用。

❷ 炒锅上火，爆香葱、姜、红椒丝，倒入高汤，调入盐、味精，下入老母鸡、干姜、黄精煲至全熟即可。

# 陈醋娃娃菜

**材料**

娃娃菜 400 克，红椒少许，白糖 15 克，味精 2 克，香油适量，陈醋 50 毫升

**做法**

❶ 将娃娃菜洗净，改刀，入水中焯熟；红椒洗净，切圈。

❷ 用白糖、味精、香油、陈醋调成调味汁。

❸ 将调味汁倒在娃娃菜上进行腌制，撒上红椒圈即可。

# 千层莲花菜

**材料**

白菜 500 克，青甜椒末、红甜椒末各 30 克，盐、味精、酱油、香油、熟白芝麻各适量

**做法**

❶ 白菜洗净，切块，放入开水中稍烫，捞出，沥干水分备用。

❷ 用盐、味精、酱油、香油调成调味汁，将每一片白菜泡在调味汁中，取出。

❸ 白菜一层一层叠好放盘中，青甜椒末、红甜椒末放白菜上，最后撒熟白芝麻即可。

# 白菜炒金针菇

**材料**

白菜 350 克，金针菇 100 克，水发香菇 20 克，红椒 10 克，盐 3 克，鸡精 2 克，食用油适量

**做法**

❶ 白菜洗净，撕成大片；香菇洗净切块；金针菇去尾，洗净；红椒洗净，切丝备用。

❷ 锅中倒入油加热，下香菇、金针菇、白菜翻炒。

❸ 最后加入盐和鸡精，炒匀装盘，撒上红椒丝即可。

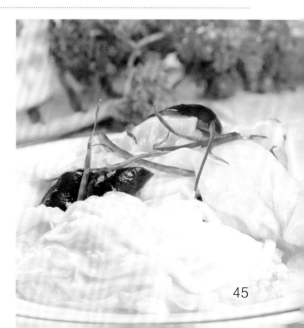

# 鸭肉芡实汤

### 材料
鸭腿肉 200 克，芡实 2 克，盐 3 克，姜片 5 克，鸡精、葱花各适量

### 做法
❶ 将鸭腿肉洗净，切小块余烫；芡实用温水洗净备用。

❷ 净锅上火倒入水，调入盐、鸡精，下入鸭块、芡实、姜片烧至熟，撒上葱花即可。

### 专家点评
　　芡实具有固肾涩精、补脾益胃等功效，对腰膝疼痛、小便不禁等症有很好的治疗效果。鸭肉具有补血利水、健脾养胃、清热生津、滋补五脏等功效，对身体虚弱、营养不良、病后体虚等症有很好的食疗作用。这道菜综合了鸭肉和芡实的营养价值，非常适合备孕妈妈食用。

# 豆腐茄子苦瓜煲鸡

### 材料
卤水豆腐 100 克，茄子 75 克，苦瓜 45 克，鸡胸肉 30 克，盐 3 克，高汤、红椒丝、葱花各适量

### 做法
❶ 将卤水豆腐洗净切块；茄子、苦瓜分别去皮、籽，洗净切块；鸡胸肉洗净切小块。

❷ 炒锅上火，倒入高汤，下豆腐、茄子、苦瓜、鸡胸肉、红椒丝，调入盐煲熟，撒上葱花即可。

### 专家点评
　　豆腐高蛋白、低脂肪，是养生、益寿的美食佳品。茄子营养丰富，具有降压、降脂、抗癌等功效。苦瓜具有很好的降糖、降脂、抗炎作用。三者搭配鸡肉做菜，既美味又营养，是备孕妈不错的选择。

# 土豆红烧肉

### 材料

五花肉 400 克，土豆 200 克，盐 3 克，鸡精 2 克，香菜 10 克，白糖 5 克，酱油、醋、水淀粉、食用油各适量

### 做法

❶ 五花肉洗净切块；土豆去皮洗净切块；香菜洗净切段。

❷ 锅下油烧热，放入五花肉翻炒片刻，再放入土豆一起炒，加盐、鸡精、白糖、酱油、醋炒至八成熟时，加适量水淀粉焖煮至汤汁收干，装盘，用香菜点缀即可。

### 专家点评

　　土豆是高维生素的食物，五花肉含有丰富的优质蛋白和人体必需的脂肪酸。二者同用，可以起到健脾开胃、养颜美容、益气养血、润肠通便的作用。

# 小白菜炝粉丝

### 材料

小白菜 200 克，粉丝 250 克，干辣椒 20 克，盐、鸡精、老抽、蚝油、食用油各适量

### 做法

❶ 将小白菜洗净，切段；粉丝提前用冷水浸泡 20 分钟。

❷ 炒锅注油烧热，放入干辣椒爆香，再倒入粉丝滑炒，加入小白菜一起快炒至熟。

❸ 加入老抽、蚝油、盐和鸡精炒至入味，起锅装盘即可。

### 专家点评

　　小白菜含有的营养成分与大白菜相近，但其钙含量却是大白菜的 2 ~ 3 倍。小白菜还含有丰富的维生素 $B_1$、维生素 $B_6$ 等，具有缓解精神紧张的功效。

# 韭菜炒鸡蛋

## 材料
鸡蛋 4 个，韭菜 150 克，盐 3 克，味精 1 克，
食用油适量

## 做法
❶ 韭菜洗净，切成碎末备用。
❷ 鸡蛋打入碗中，搅散，加入大部分韭菜末、
盐、味精搅匀备用。
❸ 锅置火上，注入油，将备好的鸡蛋液入锅中，
煎至两面呈金黄色即可。
❹ 将炒好的鸡蛋盛出，切块装盘，撒上剩余
炒过的韭菜末即可食用。

# 芋头南瓜煲

## 材料
芋头 600 克，南瓜 500 克，花生仁 50 克，
淡奶 100 毫升，鸡汤 2000 毫升，葱油、盐、
食用油各适量

## 做法
❶ 芋头、南瓜去皮切条；花生仁去衣拍碎。
❷ 芋条蒸至熟；南瓜入油锅炸熟，沥干油。
❸ 砂锅放入芋条、南瓜条，加鸡汤、盐、淡奶，
以小火煲熟，待鸡汤快收干时撒上花生仁，
淋入葱油即可离火。

# 炝炒包菜

## 材料
包菜 300 克，干辣椒 10 克，盐 3 克，醋 6 毫升，
味精 3 克，食用油适量

## 做法
❶ 包菜清洗干净，切成三角块状；干辣椒剪
成小段。
❷ 锅入油烧热，下入干辣椒段炝炒出香味。
❸ 下入包菜块，炒熟后，再加入剩余材料炒
匀即可。

# 大白菜包肉

**材料**

大白菜 300 克，猪肉馅 150 克，盐、味精各 2 克，酱油 6 毫升，花椒粉 4 克，香油、葱末、姜末、淀粉各适量

**做法**

❶ 猪肉馅加上葱末、姜末、盐、味精、酱油、花椒粉、淀粉搅拌均匀，将调好的猪肉馅放在菜叶中间，包成长方形。

❷ 将包好的肉放入盘中，入蒸锅用大火蒸 10 分钟至熟，取出淋上香油即可食用。

# 芋头扣鸭肉

**材料**

鸭肉 400 克，芋头 500 克，盐、淀粉各 5 克，老干妈辣酱、蒸肉粉各少许

**做法**

❶ 鸭肉洗净剁块；芋头去皮洗净切片，摆入碗底。

❷ 鸭肉加老干妈辣酱、蒸肉粉、淀粉拌匀腌一会儿，然后倒入装芋头的碗中。

❸ 锅入水，上蒸架，装有鸭肉、芋头的碗入锅，放盐，蒸 1 小时，取出扣盘。

# 炝炒小白菜

**材料**

小白菜 500 克，盐 2 克，花椒 4 克，味精 3 克，干辣椒 10 克，香油 10 毫升，食用油、葱丝、红椒丝各适量

**做法**

❶ 将小白菜洗净；干辣椒切段。

❷ 锅置火上，倒入食用油烧热，爆香干辣椒段、花椒，放入小白菜快速翻炒。

❸ 至小白菜八成熟，调入盐、味精炒匀，淋入香油，撒入葱丝、红椒丝，装盘即可。

# 虾米炒白菜

**材料**

白菜心 300 克，虾米 15 克，香菜梗 20 克，醋、白糖、盐、水淀粉、香油、料酒、味精、姜丝、葱末、高汤、红椒圈、食用油各适量

**做法**

❶ 白菜去叶留帮，切块；虾米泡发好洗净。

❷ 油锅放香菜梗、虾米、姜丝、葱末、白菜、红椒圈煸炒，加醋稍烹，放白糖，添少许高汤，加盐、料酒、味精稍煨。

❸ 用水淀粉勾芡，淋入香油，出锅即可。

# 白菜香菇炒山药

**材料**

白菜 250 克，山药 100 克，香菇、青椒、红椒各 40 克，盐、酱油、食用油、味精各适量

**做法**

❶ 白菜洗净，切条；香菇泡发，洗净切丝；山药去皮，洗净，切丝；青椒、红椒洗净，去籽，切丝。

❷ 锅中倒油烧热，下香菇和山药翻炒，加入白菜和青椒丝、红椒丝炒熟。

❸ 最后加盐、酱油和味精，炒匀即可。

# 山药炒虾仁

**材料**

腌凤尾虾仁 300 克，熟山药丁 200 克，青椒丁、红椒圈、葱白粒各 50 克，盐 3 克，味精、料酒、淀粉、食用油各适量

**做法**

❶ 锅置火上，倒入油，放入葱白粒、红椒圈、虾仁、青椒丁、山药丁翻炒均匀。

❷ 加入料酒、盐、味精，用淀粉勾芡，出锅装盘即可。

# 粉丝酸菜蒸娃娃菜

**材料**

娃娃菜 400 克，粉丝 200 克，酸菜 80 克，红椒 20 克，葱 15 克，盐 3 克，生抽、蚝油各 5 毫升，红油 20 毫升

**做法**

❶ 娃娃菜洗净切四瓣，装盘；粉丝泡发，置娃娃菜上；酸菜切末，置粉丝上；红椒、葱切末，撒在酸菜上。

❷ 剩余材料一起调成调味汁，淋娃娃菜上。

❸ 将盘子置于蒸锅中，蒸 8 分钟即可。

# 梅子拌山药

**材料**

山药 300 克，西梅 20 克，话梅 15 克，白糖、盐、红椒圈各适量

**做法**

❶ 山药去皮，洗净，切长条，放入沸水中煮至断生，捞出沥干水后码入盘中。

❷ 锅中放入西梅、话梅、白糖和适量盐，熬至汁稠为止。

❸ 汁放凉后，浇在码好的山药上，撒上红椒圈即可。

# 玉米笋炒芦笋

**材料**

芦笋 400 克，玉米笋 200 克，蒜末、姜汁、料酒、盐、白糖、水淀粉、食用油各少许

**做法**

❶ 芦笋洗净，切段；玉米笋用沸水焯一下，捞起，沥干水分。

❷ 锅中加油烧热，下蒜末爆香，倒入玉米笋及芦笋段，烹入姜汁和料酒翻炒片刻，加盐、白糖、水烧开后用水淀粉勾芡即可。

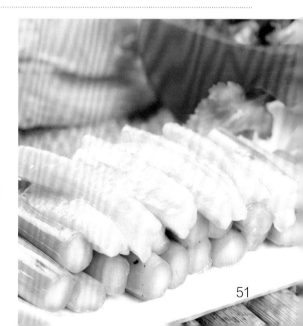

# 草莓塔

### 材料

草莓、猕猴桃块、菠萝块、镜面果胶各适量，奶油布丁馅 1000 克，鸡蛋 50 克，低筋面粉 330 克，奶油 170 克，糖粉 100 克

### 做法

❶ 奶油、糖粉拌打后，分次加蛋液拌匀。

❷ 拌入低筋面粉，装袋，入冰箱冻半小时。

❸ 取出擀成 0.5 厘米厚的面皮，用圆形模具压扣出适当大小，再放入塔模中压实。

❹ 用叉子在塔皮上戳洞，放入烤箱烤黄后，取出。

❺ 将布丁馅填入挤花袋挤入塔皮中，摆上水果，刷上果胶即可。

### 专家点评

　　草莓的果肉中含有大量的糖类、蛋白质、果胶等营养物质，这些都是备孕妈妈所需要的。

# 酸奶土豆铜锣烧

### 材料

酸奶适量，土豆 50 克，草莓 2 颗，芒果半个，小蓝莓 3 颗，蜂蜜 20 毫升，低筋面粉 150 克，鸡蛋 2 个，色拉油 10 毫升，水 1 杯，泡打粉 2 克，盐少许

### 做法

❶ 土豆去皮清洗干净，蒸熟后压成泥；芒果去皮，挖成球状。

❷ 鸡蛋打散，加低筋面粉、色拉油、水、泡打粉、盐拌匀，煎成铜锣烧，盛盘。

❸ 将铜锣烧均匀铺上土豆泥，摆上芒果球、草莓，淋上蜂蜜，倒入酸奶，放上小蓝莓即可。

### 专家点评

　　草莓酸甜可口，含有丰富的维生素和矿物质、葡萄糖等，对备孕妈妈的健康很有益。

# 猕猴桃苹果汁

### 材料
猕猴桃 2 个，苹果半个，柠檬 1/3 个

### 做法
❶ 猕猴桃、苹果、柠檬洗净、去皮、切块。
❷ 把猕猴桃、苹果、柠檬放入果汁机中，加 50 毫升水搅打均匀。
❸ 倒入杯中即可饮用。

### 专家点评
　　本饮品有生津解渴、调中下气、滋补强身的功效。鲜猕猴桃中维生素 C 的含量在水果中是最高的，它还含有丰富的蛋白质、碳水化合物、多种氨基酸和矿物质，都为人体所必需。而且它果实鲜美、风味独特、酸甜适口，可以很好地提高备孕妈妈的食欲。

# 西红柿沙田柚汁

### 材料
沙田柚半个，西红柿 1 个，蜂蜜适量

### 做法
❶ 将沙田柚清洗干净，切开，放入榨汁机中榨汁；西红柿清洗干净，切块。
❷ 西红柿、沙田柚汁、凉开水放入榨汁机内榨汁。饮用前可加入适量蜂蜜。

### 专家点评
　　本饮品有开胃消食、美白养颜的功效，常食对预防便秘、健脾和胃很有好处。柚子含有丰富的蛋白质、糖类、有机酸及维生素 A、维生素 C 和钙、磷、钠等营养成分，可增强毛细血管韧性、降低血脂等，对高血压、冠心病等患者及备孕妈妈调养身体有补益作用。

# 扁豆莲子鸡汤

**材料**

扁豆 100 克，莲子 40 克，鸡腿 300 克，丹参、山楂、当归尾各 10 克，盐、料酒各适量

**做法**

❶ 全部药材放入棉布袋，与 1500 毫升清水、鸡腿、莲子置入锅中，以大火煮沸，转小火续煮 45 分钟备用。

❷ 扁豆洗净沥干，放入锅中与其他材料混合，续煮 15 分钟至扁豆熟软。

❸ 取出棉布袋，加入盐、料酒后关火即可。

# 姜片海参炖鸡

**材料**

海参 3 只，鸡腿 150 克，姜 1 块，盐 4 克

**做法**

❶ 鸡腿洗净，剁块，入开水中汆烫后捞出，备用；姜去皮切片。

❷ 海参自腹部切开，洗净肠腔，切大块，汆烫，捞起。

❸ 煮锅加 1500 毫升水煮开，加入鸡块、姜片煮沸，转小火炖约 20 分钟，加入海参续炖 5 分钟，加盐调味即成。

# 冬瓜鱼片汤

**材料**

鲷鱼 100 克，冬瓜 150 克，黄连、知母各 5 克，酸枣仁 15 克，嫩姜丝 10 克，盐 3 克

**做法**

❶ 鲷鱼洗净，切片；冬瓜去皮洗净，切片；全部药材洗净。

❷ 以上全部材料与嫩姜丝放入锅中，加入清水，以中火煮沸。

❸ 取出药材，加入盐后关火即可。

# 第二章

# 孕早期菜肴

孕早期（即女性怀孕的第 1 个月到第 3 个月），胎儿真正在孕妈妈的身体里"落户"了，这是一段期待幸福与甜蜜时刻到来的时期。这个阶段的营养对孕妈妈和胎儿来说非常重要，为了胎儿的健康成长，孕妈妈应了解在这一阶段适合吃什么，把身体调养好，为胎儿的发育打下坚实的基础。

# 板栗煨白菜

**材料**

白菜 200 克，生板栗 50 克，葱、姜、盐、鸡汤、水淀粉、料酒、味精、食用油各适量

**做法**

❶ 白菜洗净切段，氽烫，捞出；葱切段；姜清洗干净切片；板栗煮熟，剥去壳。

❷ 锅上火，放油烧热，将葱段、姜片爆香，下白菜、板栗炒匀，加入鸡汤，煨入味后用水淀粉勾芡，加入料酒、味精、盐，炒匀即可出锅。

# 芝麻炒包菜

**材料**

黑芝麻 10 克，包菜心 500 克，盐、味精、食用油各适量

**做法**

❶ 黑芝麻入锅以小火慢炒，炒至溢香时盛出晾凉，碾成粉状；包菜心洗净切小片。

❷ 炒锅上火，加入食用油烧热，入包菜心炒 1 分钟后加盐，用大火炒至包菜熟透发软，加味精拌匀，起锅装盘，撒上黑芝麻拌匀即成。

# 蒜香扁豆

**材料**

扁豆 350 克，蒜泥 50 克，盐、味精、食用油、红椒丝各适量

**做法**

❶ 扁豆清洗干净，去掉筋，入沸水中稍焯。

❷ 在锅内加入少许油烧热，下入蒜泥煸香，加入扁豆同炒。

❸ 待扁豆煸炒至软时，放入适量盐、味精炒至熟透，装盘，撒上红椒丝即可。

# 杏鲍菇煲排骨

**材料**

排骨 250 克，杏鲍菇 100 克，料酒、酱油各 5 毫升，葱、姜丝各 5 克，盐、鸡精各适量

**做法**

① 先将排骨洗净，斩块，用料酒、酱油稍腌；杏鲍菇清洗干净，对切。

② 然后将排骨放入砂锅，加入水及葱、姜丝，以及适量盐、鸡精煲熟，捞出装盘，并保留砂锅中的汁，下入杏鲍菇略煮，盛出铺入装有排骨的碗中即可。

# 香菜豆腐鱼头汤

**材料**

鳙鱼头 450 克，豆腐 250 克，香菜 30 克，姜 2 片，盐、食用油各适量

**做法**

① 鱼头剖净后用盐腌 2 小时；香菜清洗干净。

② 豆腐清洗干净，沥干水，切块；将豆腐、鱼头两面煎至金黄色。

③ 另起锅下入鱼头、姜，加入沸水，大火煮沸后，加入煎好的豆腐，煲 30 分钟，放入香菜，稍滚即可。

# 姜橘鲫鱼汤

**材料**

鲫鱼 250 克，姜片 30 克，橘皮 10 克，盐 3 克

**做法**

① 鲫鱼宰杀，去鳞、鳃和内脏，清洗干净。

② 锅中加适量水，放入鲫鱼，用小火煨熟，加姜片、橘皮，稍煨一会儿，再加盐调味即可。

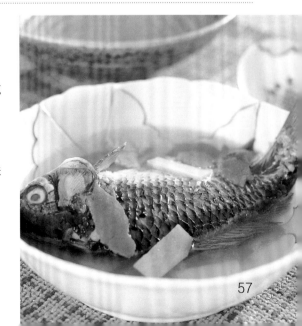

# 小米粥

**材料**

小米、玉米各 50 克，糯米 20 克，白糖少许

**做法**

❶ 将小米、玉米、糯米清洗干净。

❷ 洗后的原材料放入电饭锅内，加清水后开始煲粥，煲至粥黏稠时倒出，盛入碗内。

❸ 加白糖调味即可。

**专家点评**

小米含有多种维生素、氨基酸、脂肪、膳食纤维和碳水化合物，一般粮食中不含的胡萝卜素，小米中也有。特别是它的维生素 $B_1$ 含量居所有粮食之首，含铁量很高，含磷也很丰富，有补血、健脑的作用。将小米搭配玉米、糯米一同熬煮，营养更加全面且更加丰富，非常适合孕早期妈妈食用，可滋补身体、预防缺铁性贫血。

# 小米红枣粥

**材料**

小米 100 克，红枣 20 颗，蜂蜜 20 毫升

**做法**

❶ 红枣清洗干净，去核，切成碎末。

❷ 小米入清水中清洗干净。

❸ 将小米加水煮开，加入红枣末熬煮成粥，关火后晾至温热，调入蜂蜜即可。

**专家点评**

小米既开胃又养胃，具有健胃消食、防止反胃和呕吐的功效。小米含有蛋白质、钙、胡萝卜素和维生素 $B_1$、维生素 $B_2$；红枣富含维生素 C。二者互补，是一种具有较高营养价值的滋补粥品，是孕早期妈妈缓解妊娠呕吐、滋养身体的较佳选择。

# 包菜炒肉片

**材料**

五花肉 150 克，包菜 200 克，盐、蒜末、白糖、酱油、淀粉、食用油各适量

**做法**

① 五花肉洗净切片，用盐、白糖、酱油、淀粉腌 5 分钟；包菜洗净，撕成小块。

② 锅下油烧热，爆香蒜末，放入包菜炒至叶片稍软，加入盐炒匀，盛起。

③ 另起油锅，放入五花肉片翻炒片刻，放入炒过的包菜炒匀，盛出即可。

**专家点评**

　　五花肉具有补肾养血、滋阴润燥的功效，对热病伤津、消渴羸弱等症有很好的食疗功效，还可用于治疗因津液不足引起的烦躁、干咳等症。包菜的营养价值与大白菜相差无几，其中维生素 C 的含量尤其丰富。包菜中富含的叶酸对巨幼红细胞性贫血和胎儿畸形有很好的预防作用。将包菜与富含蛋白质的五花肉一同炒制，不仅使包菜吸收了肉汁，味道变得更香更美味，而且营养也更加全面了。

# 西红柿炒鸡蛋

**材料**

西红柿 500 克，鸡蛋 2 个，白糖 6 克，盐、食用油各适量，淀粉 5 克

**做法**

❶ 西红柿清洗干净，去蒂，切成块；鸡蛋打入碗内，加入少许盐，搅匀。

❷ 炒锅放油，倒入鸡蛋，炒成散块，盛出。

❸ 炒锅中再放些油，烧热后放西红柿翻炒几下，再放炒好的鸡蛋炒匀，加入白糖、盐，再翻炒几下，用淀粉勾芡即成。

**专家点评**

这道菜营养丰富，对孕妈妈的身体极为有利，对胎儿的神经系统发育也非常有利。西红柿营养丰富，被称为"蔬菜中的冠军"，在被妊娠呕吐困扰的孕早期，西红柿可是孕妈妈的得力助手。

# 芥蓝炒核桃

**材料**

芥蓝 350 克，核桃仁 200 克，盐 3 克，鸡精 1 克，食用油适量

**做法**

❶ 将芥蓝清洗干净，切段；核桃仁清洗干净，入沸水锅中汆烫，捞出沥干待用。

❷ 锅中注油烧热，下入芥蓝爆炒，再倒入核桃仁一起翻炒片刻。

❸ 最后调入盐和鸡精，装盘即可。

**专家点评**

核桃仁中含有较多的蛋白质及人体必需的不饱和脂肪酸，这些成分皆为大脑组织细胞代谢的重要物质，能滋养脑细胞、增强脑功能。将核桃与有增进食欲作用的芥蓝共同烹调，能有效缓解妊娠呕吐。

## 莲藕莲子煲猪心

### 材料

猪心 350 克，莲藕 100 克，口蘑 35 克，火腿 30 克，莲子 10 克，食用油 10 毫升，盐 4 克，葱、姜、蒜、枸杞子各 3 克

### 做法

❶ 将猪心清洗干净，切块，汆烫；莲藕去皮，清洗干净，切块；口蘑清洗干净，切块；火腿切块；莲子清洗干净备用。

❷ 煲锅上火倒入食用油，将葱、姜、蒜爆香，下入准备好的猪心、莲藕、口蘑、火腿、莲子、枸杞子煸炒，倒入水，调入盐煲熟即可。

### 专家点评

　　用猪心、莲藕、莲子等煲出的汤，汤醇肉嫩，味道鲜美，有健脾益胃、补虚益气、镇静补心的作用。孕妈妈食用，有益身体健康。

## 口蘑山鸡汤

### 材料

口蘑 20 克，山鸡 400 克，红枣、枸杞子各 30 克，莲子 50 克，姜 3 片，盐、鸡精各适量

### 做法

❶ 将口蘑清洗干净，切块；山鸡处理干净，剁块；红枣、莲子、枸杞子泡发，洗净。

❷ 将山鸡入沸水中汆烫捞出，入冷水中清洗干净。

❸ 待锅中水烧开，下入姜片、山鸡块、口蘑、红枣、莲子、枸杞子一同煲 90 分钟，调入适量盐、鸡精即可。

### 专家点评

　　这道汤有滋补强身、增进食欲、防治便秘的效果，特别适合孕早期的孕妈妈食用。

# 梨炒肉丁

**材料**

梨 1 个，胡萝卜半根，玉米粒 50 克，猪瘦肉 200 克，酱油、白糖、淀粉、蚝油、盐、柠檬汁各适量

**做法**

❶ 梨、胡萝卜洗净去皮，切丁；猪瘦肉洗净切丁，加入酱油、白糖、少许淀粉、少许盐、蚝油腌匀。

❷ 猪瘦肉下锅中炒至半熟，加梨、胡萝卜、玉米粒略炒，下白糖、剩余盐、柠檬汁、剩余淀粉炒熟即成。

# 吉祥鳜鱼

**材料**

鳜鱼 1 条，黄豆芽 100 克，西蓝花适量，盐、酱油、淀粉、葱丝各适量

**做法**

❶ 将鳜鱼处理干净，切成片（保留头尾），以盐、淀粉上浆备用。

❷ 黄豆芽洗净焯水，装盘；西蓝花洗净掰朵焯水；鳜鱼头、尾蒸熟，摆在黄豆芽上。

❸ 鱼片下入沸水锅氽熟，倒在黄豆芽上，以西蓝花围边，调入酱油，撒上葱丝即可。

# 松鼠全鱼

**材料**

鳜鱼 1 条，盐、高汤、松子仁、料酒、面粉、淀粉、葱、姜末、番茄酱、醋、生抽、白糖、食用油各适量

**做法**

❶ 鳜鱼剖净，切花刀，用盐、料酒腌制，裹匀面粉，放油锅炸至金黄色，装盘。

❷ 锅留底油，用葱、姜末炝锅，加入高汤、番茄酱、醋、生抽、白糖烧开后用淀粉勾芡，浇在鱼身上，撒上松子仁即成。

# 素拌西蓝花

**材料**

西蓝花 60 克，胡萝卜 20 克，香菇 15 克，盐少许

**做法**

① 西蓝花清洗干净，切小朵；胡萝卜清洗干净，切片；香菇清洗干净，切片。

② 将适量水烧开后，先把胡萝卜放入锅中烧煮至熟，再把西蓝花和香菇放入烫一下。

③ 最后加入盐拌匀即可捞出。

# 什锦西蓝花

**材料**

胡萝卜 30 克，黄瓜 50 克，西蓝花 200 克，荷兰豆 100 克，黑木耳、蒜蓉各 10 克，百合 50 克，盐 4 克，鸡精 2 克，食用油适量

**做法**

① 黄瓜洗净切段；西蓝花洗净去根切小朵；百合、黑木耳、胡萝卜洗净切片；荷兰豆洗净去筋切菱形段；以上食材氽烫。

② 油锅烧热，炒香蒜蓉，倒入食材翻炒，调入盐、鸡精炒匀至香，即可出锅。

# 清炒芥蓝

**材料**

芥蓝 400 克，胡萝卜 30 克，盐 2 克，食用油适量，鸡精 3 克

**做法**

① 将芥蓝清洗干净，沥干水分待用；胡萝卜清洗干净，切片。

② 锅注油烧热，放入芥蓝快速翻炒，再加入胡萝卜片一起炒至熟。

③ 加盐和鸡精调味，装盘即可。

# 玉米板栗排骨汤

## 材料

排骨 350 克，玉米 200 克，板栗 50 克，食用油 30 毫升，盐、味精各 3 克，葱花、姜末、枸杞子各 5 克，高汤适量

## 做法

❶ 将排骨清洗干净，斩块，氽烫；玉米洗净切块；板栗清洗干净，备用。

❷ 净锅上火倒入食用油，将葱花、姜末爆香，下入高汤、排骨、玉米、板栗、枸杞子，调入盐、味精煲至熟即可。

## 专家点评

　　排骨可以为人体提供钙质；玉米中的蛋白质、维生素和矿物质都比较丰富；板栗中含有蛋白质、维生素等多种营养素。这道汤有补血养颜、健脾开胃、强筋健骨的作用，很适合孕妈妈食用。

# 姜炒嫩鸡

## 材料

嫩鸡肉 400 克，姜 50 克，香菜少许，盐 3 克，味精 1 克，醋、老抽各 8 毫升，食用油适量

## 做法

❶ 鸡肉清洗干净，切块；姜清洗干净，切块；香菜清洗干净，切段。

❷ 油锅烧热，下姜块炒香，入鸡肉翻炒至变色时注水焖煮。

❸ 最后加入盐、醋、老抽煮至熟，加入味精调味，撒上香菜即可。

## 专家点评

　　这道菜可帮助孕妈妈缓解妊娠呕吐，补充营养。姜中分离出来的姜烯、姜酮的混合物有显著的止呕作用。鸡肉中蛋白质的含量较高，且容易被人体吸收，有增强体质、强壮身体的作用。

# 板栗排骨汤

**材料**

鲜板栗 250 克，排骨 500 克，胡萝卜 1 根，盐 3 克

**做法**

1. 板栗入沸水中用小火煮约 5 分钟，捞起剥掉壳、膜。

2. 排骨放入沸水中氽烫，捞起，清洗干净；胡萝卜削皮，清洗干净，切块。

3. 将以上材料放入锅中，加水盖过材料，以大火煮开，转小火续煮 30 分钟，加盐调味即可。

**专家点评**

　　这道菜含有丰富的蛋白质、脂肪和钙、锌及维生素 $B_1$、维生素 $B_2$、维生素 C、叶酸等营养成分。板栗含有丰富的碳水化合物、蛋白质、B 族维生素、维生素 C 等营养成分，具有养胃健脾、补肾强筋的功效。板栗与具有补血益气、强筋健骨、益精活血功效的排骨，以及有补肝明目、润肠通便、保护视力、下气补中的胡萝卜相配，补而不腻，可以缓解孕妈妈的不适症状。

# 莲藕排骨汤

**材料**

莲藕 350 克，排骨 250 克，盐 4 克，高汤适量，鸡精 2 克

**做法**

❶ 莲藕洗净，切块；排骨清洗干净，斩块。

❷ 排骨入沸水中氽烫。

❸ 瓦罐中加入高汤、莲藕、排骨、盐、鸡精，用锡纸封口，放入煨缸，用木炭煨制 4 小时即可。

**专家点评**

　　这道汤味道鲜美，能增强脾胃的功能，并可缓解孕妈妈恶心和胃痛的症状。莲藕富含淀粉、蛋白质和 B 族维生素、维生素 C、矿物质、钙、磷等。排骨可提供人体生理活动必需的优质蛋白质、脂肪，其丰富的钙质可维护骨骼健康，有滋阴润燥、益精补血的功效。

# 芋头排骨汤

**材料**

排骨 350 克，芋头 300 克，白菜 100 克，枸杞子 30 克，葱花 20 克，料酒、老抽各 5 毫升，盐 3 克，味精 1 克，食用油适量

**做法**

❶ 排骨清洗干净，剁块，氽烫后捞出；芋头去皮，清洗干净，扣成球状；白菜清洗干净，切碎；枸杞子洗净。

❷ 锅倒油烧热，放入排骨煎炒至黄色，加入料酒、老抽炒匀后，加入沸水，撒入枸杞子，炖 1 小时，加入芋头球、白菜煮熟。

❸ 加入盐、味精调味，撒上葱花即可起锅。

**专家点评**

　　这道汤不仅能增强孕妈妈的食欲，还能够使其皮肤润泽，同时提高机体的免疫力。

# 苹果胡萝卜牛奶粥

**材料**

苹果、胡萝卜各 25 克，牛奶 100 毫升，大米 100 克，白糖 5 克，葱花少许

**做法**

❶ 胡萝卜、苹果清洗干净，切小块；大米淘洗干净。

❷ 锅置火上，注入适量清水，放入大米煮至八成熟。

❸ 放入胡萝卜、苹果煮至粥将成，倒入牛奶稍煮，加白糖调匀，撒葱花便可。

**专家点评**

　　胡萝卜中的维生素 A 是人体骨骼正常生长发育的必需物质；苹果富含多种维生素，以及柠檬酸、苹果酸等有机酸，能缓解妊娠呕吐；牛奶含有丰富的优质蛋白质、脂肪、钙、铁等营养成分。这道粥有助于孕妈妈滋补身体。

# 松子仁焖酥肉

**材料**

五花肉 250 克，油菜 150 克，松子仁、白糖各 10 克，盐 3 克，酱油、醋、料酒、食用油各适量

**做法**

❶ 五花肉清洗干净；油菜清洗干净备用。

❷ 锅注水烧开，放油菜焯熟，捞出摆盘。

❸ 起油锅，加入白糖烧至融化，再加盐、酱油、醋、料酒做成调味汁，放入五花肉裹匀，加适量清水，焖煮至熟，盛在油菜上，用松子仁点缀即可。

**专家点评**

　　这道菜不仅营养丰富、香味袭人，而且是一道美肤养颜、丰肌健体的佳肴。猪肉含有丰富的蛋白质、脂肪、铁等营养素，有滋养脏腑、补中益气的作用，特别适合孕妈妈食用。

# 葡萄红枣汤

**材料**
葡萄干 30 克，红枣 15 克

**做法**
1. 葡萄干洗净。
2. 红枣去核，洗净。
3. 先以大火将水煮沸，然后将洗净的葡萄干和红枣放入锅中，再转中火继续煮至葡萄干和红枣熟烂，即可盛出食用。

# 灵芝山药杜仲汤

**材料**
灵芝 3 片，杜仲 5 克，山药 10 克，红枣 6 颗，香菇 2 朵，鸡腿 1 只，盐适量

**做法**
1. 鸡腿洗净，入开水中氽烫。
2. 香菇泡发洗净；灵芝、杜仲、山药均洗净；红枣去核洗净。
3. 炖锅放入八分满的水烧开后，将以上所有材料放入锅中煮沸，转小火炖约 1 小时，加盐调味即可。

# 阿胶猪皮汤

**材料**
猪皮 500 克，阿胶 25 克，葱段、姜片、酱油、盐、蒜末、香油各适量

**做法**
1. 阿胶洗净，放入碗内，上蒸笼蒸至融化。
2. 把猪皮放入锅内煮透后捞出，用刀将猪皮里外刮洗干净，再切成条。
3. 锅内放入 2000 毫升开水，下猪皮及阿胶、葱段、姜片、盐、蒜末、酱油，用大火烧开，再转小火熬 30 分钟后淋入香油即可。

# 老鸭莴笋枸杞子煲

**材料**

莴笋 250 克，老鸭 150 克，枸杞子 10 克，盐少许，葱、姜、蒜各 2 克

**做法**

① 莴笋去皮，清洗干净，切块；老鸭处理干净，斩块，氽水；枸杞子清洗干净。

② 煲锅上火倒入水，调入盐、葱、姜、蒜，下入莴笋、老鸭、枸杞子煲至熟即可。

# 老鸭红枣猪蹄煲

**材料**

老鸭 250 克，猪蹄 1 个，红枣 4 颗，盐、青菜各少许

**做法**

① 将老鸭处理干净，斩块氽烫；猪蹄清洗干净，斩块氽烫备用；红枣清洗干净。

② 净锅上火倒入水，调入盐，下入老鸭、猪蹄、红枣、青菜煲至熟即可。

# 豆腐鱼头汤

**材料**

鲢鱼头半个，豆腐 200 克，清汤适量，盐 4 克，葱段、姜片各 2 克，香菜末、香油各适量

**做法**

① 先将半个鲢鱼头洗净，斩大块；豆腐洗净切块备用。

② 然后净锅上火倒入清汤，调入盐、葱段、姜片，下入鲢鱼头、豆腐煲至熟，淋入香油，撒入少许香菜末即可。

# 烤鸭豆腐汤

### 材料

烤鸭 175 克，豆腐 150 克，油菜 20 克，盐、葱花、枸杞子各少许

### 做法

❶ 将烤鸭斩块；豆腐洗干净切块；油菜洗净备用。

❷ 净锅上火倒入适量清水，下入准备好的烤鸭、豆腐、油菜、枸杞子烧开，调入盐，继续煲约 10 分钟，撒上葱花即可。

# 熟地鸭肉汤

### 材料

鸭肉 300 克，枸杞子 10 克，熟地黄、盐、芹菜段、葱、姜片各适量

### 做法

❶ 将鸭肉洗净斩块氽烫；枸杞子、熟地黄清洗干净备用。

❷ 净锅上火倒入适量水，调入少许盐，放入芹菜段、葱、姜片，下入准备好的鸭肉、枸杞子、熟地黄，煲至材料熟透即可。

# 火腿橄榄菜煲鸭

### 材料

鸭肉 350 克，火腿 40 克，橄榄菜 30 克，盐 5 克，红椒圈、姜丝各适量

### 做法

❶ 将鸭肉洗净斩块，氽烫洗净；火腿切块；橄榄菜洗净切块备用。

❷ 净锅上火倒入适量清水，调入少许盐、姜丝，下入准备好的鸭块、火腿，煲至将熟时，下入橄榄菜、红椒圈，稍煮即可。

# 牛奶红枣粳米粥

**材料**

红枣 20 颗，粳米 100 克，牛奶 150 毫升，红糖适量

**做法**

❶ 将粳米、红枣一起清洗干净泡发。

❷ 将泡好的粳米、红枣加入适量水以大火煮开后，改小火煮约 30 分钟，再加入牛奶煮开。

❸ 待煮成粥后，加入红糖继续煮溶即可。

# 玉米红豆豆浆

**材料**

鲜玉米粒 60 克，红豆、黄豆各 30 克，白糖适量

**做法**

❶ 黄豆、红豆分别洗净，用清水浸泡 6 ~ 8 小时；鲜玉米粒洗净。

❷ 将以上食材全部倒入豆浆机中，加水至上下水位线之间，按下"豆浆"键。

❸ 待豆浆机提示豆浆做好后，倒出过滤，再加入适量的白糖拌匀，即可饮用。

# 高粱粥

**材料**

高粱 200 克，盐或冰糖适量

**做法**

❶ 高粱洗净，用清水浸泡 2 小时。

❷ 在锅内注入适量的凉水，大火烧开后将淘洗好的高粱倒入锅中，边煮边翻搅。

❸ 待煮至翻滚后，转小火继续慢熬 30 分钟，倒入碗中，按照个人口味加入适量的盐或冰糖搅拌均匀，即可食用。

# 黑豆银耳百合豆浆

**材料**

黑豆、百合各 20 克，银耳 1 朵，黄豆 50 克，白糖适量

**做法**

❶ 黄豆、黑豆分别洗净，用清水浸泡 6 ~ 8 小时；百合、银耳用温水泡开；银耳撕碎。

❷ 将以上食材全部倒入豆浆机中，加水至上下水位线之间，按下"豆浆"键。

❸ 待豆浆机提示豆浆做好后，倒出过滤，再加入适量的白糖拌匀，即可饮用。

**专家点评**

　　此款黑豆银耳百合豆浆具有滋阴润肺、清心宁神的功效，同时还可起到缓解孕妇焦虑性失眠及妊娠反应的作用。

# 西红柿豆腐米糊

**材料**

小米 70 克，豆腐 40 克，西红柿 1 个，白糖适量

**做法**

❶ 小米洗净，用清水浸泡 2 小时；豆腐切丁，入沸水焯 2 分钟；西红柿洗净，去皮，切成小块。

❷ 将以上食材全部倒入豆浆机中，加水至上下水位线之间，按下"米糊"键。

❸ 豆浆机提示米糊煮好后，盛出加入适量白糖拌匀，即可食用。

**专家点评**

　　此款西红柿豆腐米糊不仅清爽可口、美味爽滑，还可以起到促进胚胎发育的功效，同时也可以改善孕妇食欲。

# 西红柿豆腐汤

**材料**

西红柿 250 克，豆腐 2 块，盐 3 克，味精 1 克，淀粉 15 克，香油 5 毫升，食用油 150 毫升，葱花 25 克

**做法**

1. 豆腐洗净切粒；西红柿洗净入沸水氽烫后，剖开，切粒；豆腐入碗，加入西红柿、盐、味精、淀粉、少许葱花拌匀。
2. 炒锅置中火上，下食用油烧至六成热，倒入做法①的材料，翻炒至香味溢出。
3. 撒上剩余葱花，淋上香油即可。

**专家点评**

西红柿具有消除疲劳、生津止渴、清热凉血等功效，而且其富含的胡萝卜素在人体内可转化为维生素 A，能保护胎儿视力。豆腐富含多种营养成分，食疗价值非常高，具有补中益气、清热润燥、生津止渴、清洁肠胃等功效，还可以帮助消化、增进食欲，对防治骨质疏松症也有一定的疗效。同时，西红柿还具有帮助消化、调整胃肠功能的作用。因此，本道汤非常适合孕妈妈食用。

# 乳鸽煲三脆

### 材料

乳鸽 500 克，猪耳、牛百叶各 100 克，黑木耳 50 克，盐少许，葱末、姜、红椒丝各 5 克，高汤、食用油各适量

### 做法

❶ 将乳鸽宰杀洗净，斩块汆烫；猪耳、牛百叶均洗净切条；黑木耳洗净撕成小块。

❷ 炒锅上火倒入油，爆香葱末、姜，倒入高汤，调入盐，下入乳鸽、猪耳、牛百叶、黑木耳煲至全熟，撒上红椒丝即可。

### 专家点评

　　乳鸽肉含有丰富的营养成分，是一种高蛋白、低脂肪的食品，其蛋白质含量高达 24.47%，脂肪含量也低于其他肉类。对病后体弱、头晕神疲、记忆力衰退等患者有很好的食疗效果，孕妈妈食用也非常有益。

# 果味鱼片汤

### 材料

草鱼肉 175 克，苹果 45 克，食用油 20 毫升，盐 3 克，香油 4 毫升，葱末、姜片、红椒圈各 3 克，白糖、味精各 2 克

### 做法

❶ 草鱼肉洗净切片；苹果洗净切成片备用。

❷ 净锅上火倒入食用油，将葱末、姜片炝香，倒入水，调入盐、味精、白糖，下入苹果、草鱼片煮至熟，淋入香油，撒上红椒圈即可。

### 专家点评

　　草鱼含有丰富的不饱和脂肪酸，对人体血液循环很有利，是心血管病患者的优选食物；经常食用草鱼还有利于抗衰老，对肿瘤也有一定的预防作用。对孕妈妈来说，草鱼可谓是滋补身体、增进食欲的佳品。

# 葱白乌鸡糯米粥

### 材料

乌鸡腿 100 克，糯米 200 克，葱白 30 克，盐适量

### 做法

1. 糯米浸泡；乌鸡腿洗净剁块，汆烫；葱白洗净切段。
2. 锅内注水，放乌鸡块以大火烧开，转小火煮 20 分钟后加入糯米同煮。
3. 待糯米煮开后，转小火慢熬至粥呈黏稠状，加葱段、盐稍煮，将粥倒入碗中，即可食用。

### 专家点评

　　此款葱白乌鸡糯米粥综合了乌鸡腿、糯米、葱白的营养成分，具有补气养血、强身健体、健脾补中等功效，对气血不足的孕妈妈具有良好的食疗作用。

# 党参白术茯苓粥

### 材料

大米 30 克，红枣 3 颗，白术、党参、茯苓、甘草各 15 克，盐适量

### 做法

1. 将红枣去核洗净，备用。
2. 将白术、党参、茯苓、甘草洗净，加入适量水煮沸后加入大米和红枣，以大火煮开，转小火熬煮至粥成，最后加入适量盐即可。

### 专家点评

　　党参、白术和茯苓都是药用价值极高的滋补药材，三者合用具有健脾益气、宁心安胎的功效，适用于脾胃气虚所致的胎动不安。

# 石榴苹果汁

### 材料
石榴、苹果、柠檬各1个

### 做法
1. 剥开石榴的皮，取出果实；将苹果清洗干净，去核，切块；将柠檬洗净。
2. 苹果、石榴、柠檬放榨汁机中榨汁即可。

### 专家点评
　　石榴的营养丰富，含有人体所需的多种营养成分，果实中含有维生素C和B族维生素、有机酸等，可以增强人体免疫力。苹果中所含的丰富的锌，是构成核酸及蛋白质不可或缺的营养素，可以促进胎儿大脑发育；苹果中丰富的膳食纤维可促进消化，缓解便秘。柠檬含有维生素C、B族维生素和钙、磷等多种营养成分，有醒脾止吐的作用。这道饮品酸甜适中，富含营养，是孕早期妈妈的健康饮品。

# 石榴胡萝卜包菜汁

### 材料
胡萝卜1根，石榴肉少许，包菜2片，凉开水适量，蜂蜜少许

### 做法
1. 将胡萝卜清洗干净，去皮，切条；将包菜清洗干净，撕碎。
2. 将胡萝卜、石榴肉、包菜放入榨汁机中搅打成汁，加入蜂蜜、凉开水即可。

### 专家点评
　　石榴的营养特别丰富，果实中含有维生素C及B族维生素、有机酸、糖类，以及钙、磷、钾等矿物质，有健胃提神、增强食欲的作用。胡萝卜被称为"小人参"，富含胡萝卜素、维生素C等多种营养成分。这两种食材和包菜一同榨汁饮用，可缓解妊娠呕吐。

# 柠檬汁

**材料**

柠檬 2 个，蜂蜜 30 毫升，凉开水 60 毫升

**做法**

1 将柠檬清洗干净，对半切开后榨成汁。

2 柠檬汁及蜂蜜、凉开水倒入大杯中。

3 盖紧盖子摇动 10 ~ 20 下，倒入小杯中即可饮用。

**专家点评**

柠檬汁是新鲜柠檬经榨后得到的汁液，酸味极浓，伴有淡淡的苦涩和清香味道。柠檬汁可作为孕早期妈妈常喝的饮品，有良好的醒脾止呕、增进食欲、延缓衰老的作用。此外，柠檬中的柠檬酸能促使钙溶解，可大大提高孕妈妈对钙的吸收率，增加骨密度，进而预防孕期小腿抽筋。

# 柠檬柳橙香瓜汁

**材料**

柠檬 1 个，柳橙 1 个，香瓜 1 个

**做法**

1 柠檬清洗干净，切块；柳橙去皮后取出籽，切成可放入榨汁机的大小；香瓜清洗干净，去瓤，切块。

2 将柠檬、柳橙、香瓜依次放入榨汁机中，搅打成汁即可。

**专家点评**

柠檬含柠檬酸、苹果酸等有机酸和橙皮苷、柚皮苷等黄酮苷，还含有维生素 C、钙、铁等。柳橙含有维生素 C、钙、磷、钾、$\beta$ - 胡萝卜素、柠檬酸等。香瓜含有大量的碳水化合物、柠檬酸、胡萝卜素和 B 族维生素等，能促进食欲、补充能量，十分适合孕妈妈食用。

# 橘子优酪乳

**材料**

橘子2个，优酪乳250毫升

**做法**

❶ 将橘子清洗干净，去皮、籽，备用。

❷ 将橘子放入榨汁机内榨出汁，加入优酪乳，搅拌均匀即可。

**专家点评**

　　橘子含有丰富的糖类、维生素、苹果酸、柠檬酸、膳食纤维以及多种矿物质等；优酪乳除了含有钙、磷、钾之外，还含有维生素A、叶酸及烟酸等。将橘子汁与营养丰富的优酪乳搅拌成果汁，酸甜可口，可以缓解妊娠呕吐。还有助于消化及防止便秘，帮助抑制有害菌滋生，从而改善肠道内的菌群平衡，促进肠胃的正常蠕动。

# 芒果橘子汁

**材料**

芒果150克，橘子1个，蜂蜜适量

**做法**

❶ 将芒果清洗干净，去皮，切成小块备用。

❷ 将橘子去皮、籽，撕成瓣。

❸ 将芒果、橘子放入榨汁机中榨汁，加入蜂蜜搅拌均匀即可。

**专家点评**

　　橘子深受孕妈妈喜欢，其果实细嫩多汁、清香鲜美、酸甜宜人，营养极为丰富。其维生素C含量很丰富，同时还含大量的糖、胡萝卜素和人体必需的多种矿物质。与芒果一同榨汁，有益胃止呕、生津解渴等功效，可以有效缓解孕妈妈的妊娠呕吐症状。

# 苹果青提汁

**材料**

苹果、青提各 150 克，柠檬汁适量

**做法**

1. 将苹果清洗干净，去皮、核，切块；将青提清洗干净，去核。
2. 苹果和青提放入榨汁机中，榨出果汁。
3. 在榨好的果汁中加入柠檬汁，搅拌均匀即可饮用。

**专家点评**

　　苹果不仅富含锌等微量元素，还富含碳水化合物、多种维生素等营养成分，尤其是细纤维含量高，有通便的作用。将苹果与青提榨汁，再混合柠檬汁，口味酸甜，不仅可以有效缓解妊娠呕吐，还有助于缓解孕期便秘，非常适合孕早期妈妈饮用。

# 苹果菠萝桃汁

**材料**

苹果 1 个，菠萝 300 克，桃子 1 个，柠檬汁适量

**做法**

1. 分别将桃子、苹果、菠萝去皮并清洗干净，均切成小块，入盐水中浸泡。
2. 桃子、苹果、菠萝放入榨汁机中，榨出果汁，然后加入柠檬汁，搅拌均匀即可。

**专家点评**

　　苹果含丰富的锌，锌是构成核酸及蛋白质不可或缺的营养素，可以促进胎儿大脑发育，增强记忆力；苹果所含的丰富膳食纤维可促进消化，缓解孕期便秘；菠萝含膳食纤维、烟酸和维生素 A 等，可补脾开胃；桃子富含 B 族维生素、维生素 E 等，可促进胎儿发育。

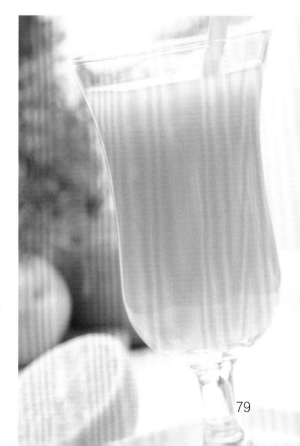

# 蜜汁枇杷什锦汁

**材料**

枇杷 150 克，香瓜 50 克，菠萝 100 克，蜂蜜 20 毫升，凉开水 150 毫升

**做法**

❶ 香瓜洗净，去皮，切成小块；菠萝去皮，洗净切成块；枇杷清洗干净，去皮。

❷ 将蜂蜜、凉开水和准备好的水果材料放入榨汁机中榨成汁即可。

**专家点评**

　　枇杷除富含维生素 C 和 B 族维生素外，还含有碳水化合物、膳食纤维、果酸、苹果酸、柠檬酸等营养成分，其中所含的胡萝卜素为鲜果中含量较高的，其中的 $\beta$ - 胡萝卜素在体内可以转化为维生素 A。而且枇杷中所含的有机酸能刺激消化腺分泌，对增进食欲有相当大的作用，特别适合孕妈妈食用。

# 枇杷汁

**材料**

枇杷 3 个，糖水适量

**做法**

❶ 将枇杷切开去核、去皮，洗净。

❷ 再将切好的枇杷与糖水一起放入搅拌机中搅拌均匀即可。

**专家点评**

　　枇杷含有维生素 $B_1$、维生素 $B_2$、维生素 C，以及钙、铁、锌、硒等矿物质，对增进食欲、帮助消化吸收、解暑止渴有很好的作用，对食欲不佳、消化功能下降的孕妈妈很有帮助。所以，在孕早期饮用这道饮品，对孕妈妈来说不仅能缓解妊娠呕吐、增进食欲，还能补充胎儿发育所需的各种营养。

# 第三章
## 孕中期菜肴

孕中期（即女性怀孕的第 4 个月到第 7 个月）胎儿逐渐趋于稳定，孕妈妈也逐渐适应了怀孕的生活状态，而且妊娠反应已逐渐减轻，食欲开始增加。这个时期，孕妈妈应增加各种营养的摄入量，尽量满足胎儿迅速生长及母体营养素贮存的需要。那么，什么样的饮食是合适的，孕妈妈一定要做到心中有数。

# 扁豆炖排骨

## 材料

扁豆 200 克，排骨 500 克，醋 8 毫升，老抽 15 毫升，盐、味精、白糖、食用油各适量

## 做法

1. 扁豆清洗干净，切去头尾；排骨清洗干净，剁成块。
2. 油锅烧热，入排骨翻炒至金黄色，放入盐、扁豆，并烹入醋、老抽、白糖焖煮。
3. 至汤汁变浓时，加入味精调味，起锅装盘即可。

## 专家点评

这道菜富含蛋白质及多种氨基酸，常食能健脾益胃、增进食欲。扁豆有调节脏腑、安养精神、益气健脾及利水消肿的功效；排骨含有丰富的优质蛋白质，尤其是丰富的钙质可维护骨骼健康。

# 香菇烧山药

## 材料

山药、香菇、板栗、油菜各 150 克，盐、水淀粉、味精、枸杞子、食用油各适量

## 做法

1. 山药洗净去皮切块；香菇洗净；板栗去壳洗净；油菜洗净。
2. 板栗煮熟；油菜过水烫熟，摆盘备用。
3. 热锅下油，入山药、香菇、板栗爆炒，调入盐、味精，用水淀粉收汁，装盘，以枸杞子装饰即可。

## 专家点评

这道菜味美滑嫩，有开胃消食、降血压的功效。香菇含有香菇多糖、天门冬素等多种活性物质，其中的酪氨酸、氧化酶等物质有降血压、降胆固醇、降血脂的作用，还可以预防动脉硬化、肝硬化等疾病。

# 玉米炒蛋

**材料**

玉米粒、胡萝卜各100克，鸡蛋1个，豌豆30克，食用油、盐、水淀粉、葱各适量

**做法**

❶ 玉米粒、豌豆分别洗净；胡萝卜洗净切粒，与玉米粒、豌豆同入沸水中煮熟，捞出沥干水分；鸡蛋入碗中打散，加入少许盐和水淀粉调匀；葱洗净，葱白切段，葱叶切花。

❷ 锅内注入食用油，倒入鸡蛋液，待其凝固时盛出，锅内再放油炒葱白。

❸ 放入玉米粒、胡萝卜粒、豌豆炒香后，放入蛋块，加剩余盐调味，炒匀盛出，撒入葱花即成。

**专家点评**

　　玉米含有多种营养成分，其中的谷氨酸可促进胎儿大脑发育，是一种良好的益智食品；胡萝卜有"小人参"之称，具有益肝明目、利膈宽肠以及提高机体免疫力等作用。鸡蛋含有丰富的优质蛋白质及不饱和脂肪酸，非常利于人体消化吸收。豌豆富含不饱和脂肪酸和大豆磷脂，具有健脑益智、预防脂肪肝以及保持血管弹性的功效。这道菜综合了玉米、胡萝卜以及鸡蛋、青豆的营养成分，不仅美味营养，还具有健脾养胃的功效，可以激发孕妈妈的食欲。

# 胡萝卜炒蛋

**材料**

鸡蛋 2 ~ 3 个，胡萝卜 100 克，盐 5 克，香油 20 毫升

**做法**

❶ 胡萝卜清洗干净，削皮切细末；鸡蛋打入碗中，搅打均匀备用。

❷ 香油入锅烧热，放入胡萝卜末炒约 1 分钟。

❸ 加入鸡蛋液，炒至半凝固时转小火炒熟，加盐调味即可。

# 双色蒸水蛋

**材料**

鸡蛋 4 个，菠菜适量，盐 3 克

**做法**

❶ 将菠菜清洗干净后切碎。

❷ 取碗，用盐将菠菜腌制片刻，用力揉至出水，再将菠菜叶中的汁水挤干净。

❸ 鸡蛋打入碗中拌匀，加盐，再分别倒入鸳鸯盘的两边，在盘一侧放入菠菜叶，入锅蒸熟即可。

# 芝麻豌豆羹

**材料**

豌豆 200 克，黑芝麻 30 克，白糖适量

**做法**

❶ 豌豆放清水中浸泡 2 小时，取出磨成浆。

❷ 黑芝麻炒香，稍稍研碎备用。

❸ 将豌豆浆放入锅中熬煮片刻后，加入研碎的黑芝麻，继续煮至浓稠，盛出，加入适量白糖搅拌均匀即可食用。

# 清炒竹笋

**材料**

竹笋 250 克，葱、姜丝、盐、食用油各适量，味精少许

**做法**

1. 竹笋剥去皮，除去老的部分，清洗干净后对半切开备用。
2. 锅烧热，放食用油烧至七成热时，放葱、姜丝入锅煸香。
3. 将竹笋、盐放入锅内，翻炒至笋熟时，加味精，再翻炒几下，起锅装盘即可。

# 芥菜毛豆

**材料**

芥菜 100 克，毛豆 300 克，红甜椒少许，香油 20 毫升，盐 3 克，醋 5 毫升，味精 2 克

**做法**

1. 芥菜择洗干净，过沸水后切成末；红甜椒去蒂、籽，切粒。
2. 毛豆掰开择洗干净，放入沸水中煮熟，捞出装入盘中。
3. 加入红甜椒、芥菜末，调入香油、醋、盐、味精拌匀即可食用。

# 银鱼煎蛋

**材料**

银鱼 150 克，鸡蛋 4 个，盐 3 克，陈醋、味精、食用油各少许

**做法**

1. 将银鱼用清水漂洗干净，沥干水分备用。
2. 取碗将鸡蛋打散，放入备好的银鱼，调入盐、味精，用筷子搅拌均匀。
3. 锅置火上，放入少许油烧至五成热，倒入银鱼鸡蛋煎至两面金黄，烹入陈醋即可。

# 竹笋鸡汤

### 材料

鸡肉 500 克,竹笋 3 根,姜 2 片,料酒 10 毫升,盐 4 克

### 做法

1. 鸡肉剁块,氽烫,去除血水后捞出冲净。
2. 另起锅加水烧开,下鸡块和姜片,并淋入料酒,改小火烧 15 分钟。
3. 竹笋去壳,清洗干净后切成厚片,放入鸡汤内同煮至熟软(约 10 分钟),然后加盐调味,即可熄火盛出食用。

### 专家点评

　　竹笋的膳食纤维含量很高,常食有帮助消化、防止便秘的功能。鸡肉中蛋白质含量较高,且易被人体吸收利用,有增强体力、强壮身体的作用。用竹笋和鸡煲汤,既滋补又不油腻,有助于增强孕妈妈的免疫功能,提高抗病能力。

# 蒜薹炒鸭片

### 材料

鸭肉 300 克,蒜薹 90 克,姜 1 块,酱油、料酒各 5 毫升,盐、味精、淀粉、食用油各适量

### 做法

1. 鸭肉洗净切片;姜拍扁,加酱油略浸,挤出姜汁,与酱油、淀粉、料酒拌入鸭片。
2. 蒜薹清洗干净切段,下油锅略炒,加少许盐、味精炒匀备用。
3. 锅清洗干净,热油,下姜爆香,倒入鸭片,改小火炒散,再改大火,倒入蒜薹,加剩余盐、水炒匀即成。

### 专家点评

　　蒜薹外皮含有丰富的膳食纤维,可刺激大肠蠕动。将其搭配有滋补、消肿功效的鸭肉,不仅能滋阴补虚,还能预防痔疮的发生。

# 冬瓜山药炖鸭

## 材料

鸭 500 克，山药 100 克，枸杞子 25 克，冬瓜 100 克，葱 5 克，姜 2 克，料酒 15 毫升，盐 3 克

## 做法

1. 鸭清洗干净剁成块，汆烫后沥干；山药、冬瓜均去皮，清洗干净后切成块；葱清洗干净切花；枸杞子清洗干净；姜清洗干净切片。
2. 锅加水烧热，倒入鸭块、山药、枸杞子、冬瓜、姜、料酒煮至鸭肉熟。
3. 调入盐，盛盘撒上葱花即可。

## 专家点评

冬瓜、山药和鸭块同煮，荤素搭配既可起到营养互补的效果，又能提高免疫力、利尿消肿、降低胆固醇、健脾益胃。

# 毛豆粉蒸肉

## 材料

毛豆 300 克，五花肉 500 克，蒸肉粉适量，盐、鸡精各 2 克，老抽 5 毫升，香菜段 10 克

## 做法

1. 将毛豆清洗干净，沥干待用；五花肉清洗干净，切成薄片，加蒸肉粉、老抽、盐和鸡精拌匀。
2. 将毛豆放入蒸笼中，五花肉摆在毛豆上，将蒸笼放入蒸锅蒸 25 分钟至熟烂时取出。
3. 撒上香菜段即可。

## 专家点评

这道菜咸香味美、营养丰富。毛豆中的蛋白质不但含量高，且品质优，可以与肉、蛋中的蛋白质相媲美，易于被人体吸收利用，为植物中含有较完全蛋白质的食物。

# 牛肝菌菜心炒肉片

### 材料
牛肝菌 100 克，猪瘦肉 250 克，菜心适量，姜丝 6 克，盐 4 克，料酒 3 毫升，鸡精 2 克，水淀粉 5 克，香油 5 毫升，食用油适量

### 做法
1. 牛肝菌洗净，切成片；猪肉清洗干净，切成片；菜心清洗干净，取菜梗剖开。
2. 猪瘦肉加料酒、水淀粉，用手抓匀稍腌。
3. 油锅煸香姜丝，放猪瘦肉片略炒，加盐、牛肝菌、菜心炒熟，放鸡精、香油炒匀。

# 芹菜炒肉丝

### 材料
猪肉、芹菜各 200 克，红甜椒 15 克，盐 3 克，鸡精 2 克，食用油适量

### 做法
1. 猪肉清洗干净，切丝；芹菜清洗干净，切段；红甜椒去蒂清洗干净，切圈。
2. 锅下油烧热，放入肉丝略炒片刻，再放入芹菜，加盐、鸡精调味，炒熟装盘，用红甜椒圈装饰即可。

# 牛柳炒蒜薹

### 材料
牛柳、蒜薹各 250 克，胡萝卜 100 克，料酒 15 毫升，淀粉 20 克，酱油 20 毫升，盐 3 克，食用油适量

### 做法
1. 将牛柳清洗干净，切成丝，加入酱油、料酒、淀粉上浆。
2. 蒜薹洗净切段；胡萝卜清洗干净切丝。
3. 锅烧热入油，然后加入牛柳、蒜薹、胡萝卜丝翻炒至熟，加盐炒匀，出锅即可。

# 香菇黄豆芽猪尾汤

**材料**

猪尾 220 克，水发香菇 100 克，胡萝卜 35 克，黄豆芽 30 克，盐 4 克，香菜少许

**做法**

❶ 将猪尾清洗干净，斩段汆烫；水发香菇清洗干净、切片；胡萝卜去皮，清洗干净，切块；黄豆芽清洗干净备用。

❷ 净锅上火倒入水，调入盐，下入猪尾、水发香菇、胡萝卜、黄豆芽煲至熟，撒上香菜即可。

# 美味鱼丸

**材料**

青鱼 1 条，鸡蛋 4 个，姜 15 克，葱白 10 克，盐 2 克，鸡精 3 克

**做法**

❶ 青鱼剖净，取肉；姜、葱白洗净。

❷ 鱼肉浸泡 40 分钟，放入搅拌机中，加鸡蛋清、姜、部分葱白，搅打成鱼蓉，放入盆中，加入所有调味料后搅打出筋度。

❸ 将搅好的鱼蓉挤成丸子，放入开水中煮，鱼丸浮起即可盛出装碗，撒上剩余葱白。

# 豌豆猪肝汤

**材料**

豌豆 300 克，猪肝 250 克，姜少许，盐 4 克，味精 2 克

**做法**

❶ 猪肝清洗干净，切成片；豌豆在凉水中泡发；姜洗净切片。

❷ 锅中加水烧开，下入猪肝、姜片、豌豆一起煮 30 分钟。

❸ 待熟后，调入盐、味精煮至入味即可。

# 黑豆猪小排汤

**材料**

黑豆 10 克，猪小排 100 克，葱花、姜丝、盐各少许

**做法**

❶ 将黑豆、猪小排清洗干净。

❷ 将适量的水放入锅中，开中火，待水开后放入黑豆及猪小排、姜丝熬煮。

❸ 煮至熟时，加盐调味，撒上葱花即可。

**专家点评**

这道汤能够补充孕妈妈所需的铁质、胡萝卜素、维生素 A、叶酸、蛋白质。黑豆是一种有效的补肾佳品，根据中医理论，"豆乃肾之谷，黑色属水，水走肾"，所以肾虚的人食用黑豆是有益处的。黑豆调中下气、解毒利尿，可以有效地缓解孕妈妈尿频、腰酸及水肿等症状。

# 黑豆玉米粥

**材料**

黑豆 50 克，玉米粒 30 克，大米 70 克，白糖 3 克

**做法**

❶ 大米、黑豆均泡发洗净；玉米粒洗净。

❷ 锅置火上，倒入清水，放入大米、黑豆煮至水开。

❸ 加入玉米粒同煮至呈浓稠状，调入白糖搅拌均匀即可。

**专家点评**

黑豆中含有丰富的维生素 A、叶酸，有滋阴补肾、利水解毒、养颜润肤的功效，特别适合肾虚体弱的孕妈妈。孕妈妈常食用黑豆，对肾虚体弱、腰痛膝软、关节不利、痈肿疮毒等症有良好的防治作用。

# 芹菜炒胡萝卜粒

**材料**

芹菜 250 克，胡萝卜 150 克，香油 10 毫升，盐 3 克，鸡精 1 克，食用油适量

**做法**

❶ 将芹菜清洗干净，切菱形块，入沸水锅中焯水；胡萝卜清洗干净，切成粒。

❷ 锅注油烧热，放入芹菜爆炒，再加入胡萝卜粒一起炒至熟。

❸ 最后调入香油、盐和鸡精调味，炒匀即可出锅。

**专家点评**

芹菜含有丰富的胡萝卜素、B 族维生素、碳水化合物、钙、磷、铁等营养成分，具有凉血止血、清肠通便、除烦止渴、平肝清热等功效。此外，芹菜还含有挥发性芳香油，因而具有特殊的香味，能增进食欲。孕妈妈对铁需求很大，若供给不足，极易导致缺铁性贫血，对母体和胎儿都十分不利，因此芹菜很适合孕妈妈食用。芹菜富含膳食纤维，能促进肠道蠕动，防治便秘。同时，芹菜还可以预防妊娠高血压。

# 玉米红薯粥

### 材料

红薯 100 克，玉米 20 克，大米 80 克，盐 3 克，葱花少许

### 做法

❶ 大米泡 30 分钟；红薯洗净去皮，切块。

❷ 锅置火上，注入清水，放入大米、玉米、红薯煮沸。

❸ 待粥成，加入盐调味，撒上葱花即可。

### 专家点评

　　这道粥咸香可口，有健脾养胃之功，可为孕妈妈补充所需的各种营养。其中，红薯含有膳食纤维、胡萝卜素、维生素 A、维生素 C、维生素 E 以及钾、铁、铜、硒、钙等十余种矿物质，营养价值很高，被营养学家们认为是营养最均衡的保健食品。玉米中含有的维生素 E，有促进细胞分裂、降低血清胆固醇的作用。

# 百合龙骨煲冬瓜

### 材料

百合 100 克，龙骨、冬瓜各 300 克，枸杞子10 克，葱 2 克，盐 3 克

### 做法

❶ 百合、枸杞子分别清洗干净；冬瓜去皮清洗干净，切块备用；龙骨清洗干净，剁成块；葱清洗干净切碎。

❷ 锅注水，下入龙骨，加盐，以大火煮开。

❸ 再倒入百合、冬瓜、葱末和枸杞子，转小火熬煮约 2 小时，至汤色变白即可。

### 专家点评

　　冬瓜利尿，且含钠极少，是慢性肾炎性水肿、营养不良性水肿、孕期水肿患者的消肿佳品。将其与龙骨、百合、枸杞子一起熬汤食用，可预防孕期水肿，并为胎儿发育提供多种营养。

# 茶树菇鸭汤

## 材料

鸭肉 250 克，茶树菇少许，盐适量

## 做法

1. 将鸭肉斩成块，清洗干净后焯水；茶树菇清洗干净。
2. 将以上材料放入盅内蒸 2 小时。
3. 最后放入盐调味即可。

## 专家点评

　　鸭肉属于热量低、口感较清爽的白肉，特别适合孕妈妈夏天食用。而汤中另一道食材茶树菇是以富含氨基酸和多种营养成分出名的食用菌类，还含有丰富的膳食纤维，能吸收汤中多余的油分，使汤水喝起来清爽不油腻。这道汤口感清爽甜美，鸭肉鲜嫩，茶树菇吃起来也爽脆可口，非常适合孕妈妈用来滋补身体。

# 鸡块多味煲

## 材料

鸡肉 350 克，枸杞子 10 克，红枣 5 颗，水发莲子 8 颗，盐 4 克，青菜、葱段、姜片、食用油各适量

## 做法

1. 将鸡肉清洗干净，斩块焯水；枸杞子、青菜、红枣、水发莲子清洗干净备用。
2. 净锅上火倒入油，下葱、姜炝香，下入鸡块煸炒，倒入水，调入盐烧沸，下入枸杞子、红枣、水发莲子、青菜煲熟即可。

## 专家点评

　　将鸡肉与枸杞子、红枣、莲子一同煲汤，汤中含有的蛋白质、脂肪、铁和多种维生素，可以提高孕妈妈的免疫力，以及预防缺铁性贫血。而且鸡肉中的蛋白质的含量较高，容易被人体吸收利用。

# 松子仁玉米炒鸡肉

**材料**

玉米粒200克，松子仁、黄瓜、胡萝卜各50克，鸡肉150克，盐、水淀粉、食用油各适量

**做法**

❶ 玉米粒、松子仁洗净；鸡肉、胡萝卜洗净切丁；黄瓜洗净，一半切丁，一半切片。

❷ 锅下油烧热，放入鸡肉、松子仁略炒，再放入玉米粒、黄瓜丁、胡萝卜丁翻炒片刻，加盐调味，待熟后用水淀粉勾芡，装盘，将切好的黄瓜片摆在盘周即可。

# 腰果炒西芹

**材料**

西芹200克，百合、腰果各100克，红甜椒、胡萝卜各50克，盐、白糖各3克，鸡精2克，水淀粉、食用油各适量

**做法**

❶ 西芹洗净切段；百合、胡萝卜洗净切片；红甜椒洗净去蒂、籽，切片；腰果洗净。

❷ 腰果入油锅略炸，再放入西芹、百合、红甜椒、胡萝卜一起炒，加盐、鸡精、白糖炒匀，待熟后用水淀粉勾芡，装盘即可。

# 荆沙鱼糕

**材料**

青鱼1条，鸡蛋4个，猪肥肉200克，淀粉80克，姜、葱、盐、鸡精各适量

**做法**

❶ 青鱼剖净，取鱼肉入搅拌机中打成鱼蓉。

❷ 将猪肥肉洗净切成丝；姜切末；葱取葱白；鸡蛋去蛋清。

❸ 猪肥肉、鱼蓉、调味料一起搅打，蒸40分钟，抹上蛋黄，再蒸10分钟，取出晾凉。

❹ 鱼糕切成片，摆成扇形，再蒸5分钟即可。

# 银鱼枸杞子苦瓜汤

**材料**

银鱼150克，苦瓜125克，枸杞子10克，红枣5颗，高汤适量，盐2克，葱末5克，姜末3克

**做法**

❶ 将银鱼清洗干净；苦瓜清洗干净，去籽切圈；枸杞子、红枣清洗干净备用。

❷ 汤锅上火倒入高汤，调入盐、葱末、姜末，下入银鱼、苦瓜、枸杞子、红枣，煲至熟即可。

# 笋菇菜心汤

**材料**

冬笋200克，水发香菇50克，菜心150克，盐3克，水淀粉、素鲜汤、食用油各适量

**做法**

❶ 冬笋清洗干净，斜切成片；香菇清洗干净去蒂，切片；菜心清洗干净稍焯，捞出。

❷ 分别将冬笋片和菜心下锅过油后捞出。

❸ 锅中加素鲜汤烧沸，放入冬笋片、香菇片、油，煮数分钟后再放入菜心，加盐调味，用水淀粉勾芡即可。

# 茶树菇红枣乌鸡汤

**材料**

乌鸡半只，茶树菇150克，红枣10颗，姜2片，盐适量

**做法**

❶ 乌鸡洗净入开水中汆烫3分钟，捞出，对半切开。

❷ 茶树菇浸泡10分钟，清洗干净；红枣去核；姜清洗干净。

❸ 将以上所有材料放入锅中，倒入2000毫升水煮开，煲2小时，最后加盐调味即可。

# 板栗乌鸡煲

### 材料
乌鸡 350 克，板栗 150 克，核桃仁 50 克，味精 2 克，盐、高汤、西蓝花、枸杞子各适量

### 做法
❶ 将乌鸡洗净，斩块汆烫；板栗去壳洗净；核桃仁洗净；西蓝花洗净掰成小朵。

❷ 炒锅上火倒入高汤，下入乌鸡、板栗、核桃仁、西蓝花、枸杞子，调入盐、味精煲至熟即可。

### 专家点评
乌鸡是补虚劳、养气血的上佳食品，与板栗搭配煲出的汤富含蛋白质、维生素 $B_2$、烟酸、维生素 E、磷、铁，而脂肪含量很少，有滋补身体、强壮筋骨、益气补血的功效。

# 莲子龙骨鸭汤

### 材料
鸭半只，蒺藜子、龙骨、牡蛎各 10 克，芡实 50 克，莲须、鲜莲子各 100 克，盐 5 克

### 做法
❶ 将蒺藜子、莲须、龙骨、牡蛎洗净放入棉布袋，扎紧；鸭肉放入沸水中汆烫，捞起冲净；莲子、芡实冲净，沥干。

❷ 将以上所有材料一起盛入煮锅，加 1500 毫升水以大火煮开，转小火续煮 40 分钟，加盐调味即可。

### 专家点评
这道汤可补中益气、健脾和胃、固肾涩精、补血安神，对孕妈妈腰部酸痛有一定疗效，常食可以安胎养胎、防止习惯性流产。其中的莲子有滋养补虚、养心安神、益肾固涩的作用。

# 西红柿豆腐鲫鱼汤

## 材料

鲫鱼 1 条，豆腐 50 克，西红柿 40 克，盐 4 克，葱段、姜片各 3 克，香油 5 毫升

## 做法

❶ 将鲫鱼洗净；豆腐切块；西红柿洗净切块备用。

❷ 净锅上火倒入水，调入盐、葱段、姜片，下入鲫鱼、豆腐、西红柿煲至熟，淋入香油即可。

## 专家点评

　　鲫鱼是高蛋白、高钙、低脂肪、低钠的食物，经常食用可以补充蛋白质，改善血液的渗透压，有利于合理调节体内水的分布，使组织中的水分回流进入血液循环中，从而达到消除水肿的目的。

# 枸杞子山药牛肉汤

## 材料

山药 200 克，牛肉 125 克，枸杞子 5 克，盐 4 克，香菜末 3 克

## 做法

❶ 将山药去皮，洗净切块；牛肉洗净，切块汆烫；枸杞子洗净备用。

❷ 净锅上火倒入水，调入盐，下入山药、牛肉、枸杞子煲至熟，撒入香菜末即可。

## 专家点评

　　这道汤菜酥软、汤香美，富含铁、蛋白质等营养成分。牛肉富含铁、锌、B 族维生素，能提高机体抗病能力，可益气补虚、补肾强骨。

# 柠檬鸡块

**材料**

鸡肉 300 克，柠檬汁 15 毫升，蛋黄、盐、水淀粉、白糖、醋、香菜、食用油各适量

**做法**

❶ 鸡肉洗净，切块，加蛋黄、盐、水淀粉拌匀备用。

❷ 油锅烧热，入鸡肉滑炒至熟，出锅装盘。

❸ 锅内放入清水，加入柠檬汁、白糖、醋烧开，用水淀粉勾芡，出锅浇在鸡肉上，撒上香菜即成。

**专家点评**

　　这道菜不仅能缓解妊娠呕吐，还有滋补开胃的效果。柠檬汁富含维生素 C，有开胃之效，有助于减轻孕妈妈的恶心感。鸡肉富含蛋白质、碳水化合物等营养成分，可为孕妈妈补充营养。

# 肉末烧黑木耳

**材料**

猪瘦肉 300 克，黑木耳 350 克，胡萝卜 200 克，蒜苗段 15 克，盐 3 克，味精 1 克，生抽 5 毫升，淀粉 6 克，食用油适量

**做法**

❶ 猪瘦肉洗净，剁成末，用生抽、油、淀粉拌匀；黑木耳泡发洗净，撕成片，氽烫后捞出；胡萝卜洗净，切长方块。

❷ 油锅烧热，下入肉末、黑木耳、胡萝卜翻炒，加入盐、味精，撒入蒜苗炒匀即可。

**专家点评**

　　这道菜能滋养脾胃、补血益气。黑木耳可润肠通血、补血滋阴，与富含蛋白质、铁、锌的猪肉搭配，营养更全面。

# 党参豆芽骶骨汤

## 材料

党参 15 克，黄豆芽 200 克，猪骶尾骨 1 副，西红柿 1 个，盐 4 克

## 做法

❶ 猪骶尾骨切段，氽烫后捞出，冲洗净。

❷ 黄豆芽洗净；西红柿清洗干净，切块。

❸ 将猪骶尾骨、黄豆芽、西红柿和党参放入锅中，加适量水以大火煮开，转小火炖 30 分钟，加盐调味即可。

## 专家点评

党参具有补中益气、生津解渴、健脾益肺等功效，对食欲不佳、津伤口渴、四肢无力、气血双亏等症有很好的治疗效果。这道汤对神经系统有兴奋作用，能增强活力、提高抗病能力，还能益精填髓，预防贫血和血小板的减少，适合气血不足、身体虚弱的孕妈妈食用。

# 腰果炒虾仁

### 材料
鲜虾仁 200 克，腰果、黄瓜各 150 克，胡萝卜 100 克，盐 3 克，水淀粉、食用油各适量

### 做法
❶ 鲜虾仁洗净；黄瓜洗净切块；胡萝卜洗净去皮切块。

❷ 热锅下油烧热，入腰果炒香，放入虾仁滑炒片刻，再放入黄瓜、胡萝卜同炒。

❸ 加盐调味，略炒至熟，用水淀粉勾芡，装盘即可。

### 专家点评
　　腰果中的脂肪成分主要是不饱和脂肪酸，对保护血管、预防心血管疾病大有益处。常食用腰果有强身健体、提高机体抗病能力、增强体力等作用。鲜虾仁搭配腰果，不仅能增强孕妈妈的身体素质，还有助于胎儿的健康发育。

# 清炒红薯丝

### 材料
红薯 200 克，盐、葱花各 3 克，鸡精 2 克，食用油适量

### 做法
❶ 红薯去皮，清洗干净，切丝备用。

❷ 锅下油烧热，放入红薯丝炒至八成熟，加盐、鸡精炒匀，待熟后装盘，撒上葱花即可食用。

### 专家点评
　　红薯的蛋白质含量高，可弥补大米、白面中的营养不足，经常食用可提高人体对主食中营养的利用率。红薯所含的膳食纤维也比较多，对促进胃肠蠕动和防止便秘非常有益。此外，红薯中所含的矿物质对维持和调节人体功能起着十分重要的作用，且其所含的钙和镁，可以促进胎儿的骨骼发育。

# 黄豆浆

### 材料

黄豆 75 克，白糖适量

### 做法

❶ 黄豆加水浸泡约 10 小时，清洗干净备用。

❷ 将泡好的黄豆装入豆浆机中，加适量清水，搅打成豆浆，煮熟。

❸ 将煮好的豆浆过滤，加入白糖调匀即可。

### 专家点评

　　黄豆富含的优质蛋白质是植物中唯一类似于动物蛋白质的完全蛋白质，并且其大豆蛋白不含胆固醇，可降低人体血清中的胆固醇。而且大豆蛋白中所含的人体必需的 8 种氨基酸配比均衡，非常符合人体需要。因此，孕妈妈每天喝一杯豆浆（不要超过 500 毫升）是摄取优质蛋白质的一个有效方法。

# 核桃仁豆浆

### 材料

黄豆 100 克，核桃仁 30 克，白糖适量

### 做法

❶ 黄豆泡软，清洗干净；核桃仁清洗干净。

❷ 将黄豆、核桃仁放入豆浆机中，加水搅打成豆浆，烧沸后滤出豆浆，加入白糖搅拌均匀即可。

### 专家点评

　　黄豆是所有豆类中营养价值最高的，其所富含的钙能促进胎儿骨骼的发育；卵磷脂能促进胎儿脑部的发育。核桃仁中含有较多的蛋白质及人体必需的不饱和脂肪酸，能滋养脑细胞、增强大脑功能。此豆浆有助于孕妈妈补充营养，还可为胎儿提供大脑及身体发育所需的营养。

# 葡萄汁

**材料**

葡萄 150 克，葡萄柚半个

**做法**

❶ 将葡萄柚去皮，切小块；葡萄清洗干净，去籽。

❷ 将上述材料放入榨汁机中一起搅打成汁。

❸ 用滤网把汁滤出来即可饮用。

**专家点评**

　　这款葡萄汁中含有丰富的维生素 C，可有效促进人体对铁的吸收；葡萄汁还含有大量的糖、维生素、微量元素和有机酸，能促进孕妈妈身体的新陈代谢，对胎儿血管和神经系统发育有益，还可预防孕妈妈感冒。其中，葡萄柚含有丰富的果胶，果胶是一种可溶性膳食纤维，可以促进肠道蠕动，对肥胖症、便秘等有改善作用，对孕期便秘也有食疗作用。

# 酸甜葡萄菠萝奶

**材料**

白葡萄 50 克，柳橙 1/3 个，菠萝 150 克，鲜奶 30 毫升，蜂蜜 30 毫升

**做法**

❶ 白葡萄洗净，去皮和籽；柳橙清洗干净，切块榨汁；菠萝去皮，清洗干净，切块。

❷ 白葡萄、柳橙、菠萝、鲜奶放入搅拌机，搅打后倒入杯中，加入蜂蜜拌匀即可。

**专家点评**

　　历代中医均把白葡萄列为补血佳品，并可舒缓神经衰弱和过度疲劳，同时还能改善腰酸腿痛、筋骨无力、脾虚气弱、面浮肢肿以及小便不利等症。这款饮品酸甜可口，奶香诱人，它不仅含有多种维生素、矿物质、糖类等孕妈妈所需的营养成分，还可促进胎儿发育。

# 火龙果汁

**材料**

火龙果 150 克，菠萝 50 克，凉开水 60 毫升

**做法**

❶ 将火龙果清洗干净，对半切开后挖出果肉，切成小块；将菠萝去皮，清洗干净后将果肉切成小块。

❷ 将火龙果和菠萝放入搅拌机中，加入凉开水，搅打成汁即可。

**专家点评**

　　这款饮品有预防便秘、滋阴解渴、健脾开胃、降血压、预防贫血、降低胆固醇、美白皮肤、预防黑斑的作用，对妊娠高血压有食疗作用，还能促进胎儿健康发育。其中火龙果果肉中芝麻状的种子更有促进肠胃蠕动之功能，能预防孕期便秘。

# 火龙果芭蕉萝卜汁

**材料**

火龙果 200 克，芭蕉 2 根，白萝卜 100 克，柠檬半个

**做法**

❶ 将柠檬清洗干净，切块；芭蕉剥皮；火龙果去皮；白萝卜清洗干净，去皮。

❷ 将柠檬、芭蕉、火龙果、白萝卜放入搅拌机中，加水适量，搅打成汁即可。

**专家点评**

　　火龙果中的含铁量丰富，铁是制造血红蛋白及铁蛋白不可缺少的元素，摄入适量的铁可以预防贫血。芭蕉含有丰富的叶酸，能保证胎儿神经管的正常发育，是避免胎儿无脑、脊柱严重畸形的关键性物质。

# 杨桃柳橙汁

## 材料

杨桃 2 个，柳橙 1 个，柠檬汁少许，蜂蜜少许

## 做法

❶ 将杨桃清洗干净，切块，入锅，加水 200
毫升，煮开后转小火熬煮 4 分钟，放凉；
柳橙清洗干净，切块，备用。

❷ 将杨桃汁倒入杯中，加入柳橙和蜂蜜一起
调匀即可。

## 专家点评

　　这款饮品可有效预防妊娠高血压。杨桃含
有多种营养成分，并含有大量的挥发性成分，
气味芳香。其富含的多种营养对孕妇健康十分
有益，能减少孕妈妈机体对脂肪的吸收，预防
肥胖，还有降低血脂和胆固醇的作用，对高血
压、动脉硬化等心血管疾病有预防作用。同时
还可保护孕妈妈的肝脏，帮助孕妈妈降低血糖。

# 杨桃牛奶香蕉蜜

## 材料

杨桃 1 个，牛奶 200 毫升，香蕉 1 根，柠檬半个，
冰糖少许

## 做法

❶ 将杨桃清洗干净，切块；香蕉去皮；柠檬
切片。

❷ 将杨桃、香蕉、柠檬、牛奶放入果汁机中，
搅打均匀。

❸ 果汁中加入少许冰糖调味即可。

## 专家点评

　　这款饮品营养非常丰富，能改善孕妈妈便
秘，补充孕妈妈日常消耗及胎儿发育所需的营
养。杨桃中维生素 C 及有机酸含量丰富，且
果汁中水分充沛，能迅速补充孕妈妈体内的水
分，起到生津止渴、利尿、消除疲惫的作用。

# 樱桃草莓汁

**材料**

樱桃 150 克，草莓 200 克，葡萄 250 克

**做法**

❶ 将葡萄、樱桃、草莓清洗干净。将葡萄切半，把草莓切块，然后与樱桃一起放入榨汁机中榨汁。

❷ 倒入玻璃杯中，加樱桃装饰即可。

**专家点评**

这款饮品味道酸甜，不仅能促进食欲，还能增强孕妈妈的抵抗力，防治贫血。樱桃含有丰富的铁元素，并含有磷、镁、钾等矿物质，维生素 A 的含量比苹果高 4 ~ 5 倍，是孕妈妈的理想水果。草莓含有丰富的维生素 C，这对孕妈妈也大有好处。孕妈妈吃草莓可以预防牙龈出血等因为维生素 C 缺乏而出现的症状。

# 樱桃西红柿柳橙汁

**材料**

樱桃 300 克，西红柿半个，柳橙 1 个

**做法**

❶ 将柳橙清洗干净，对切，榨汁。

❷ 将樱桃、西红柿清洗干净，切小块，放入榨汁机榨汁，用滤网去残渣。

❸ 将柳橙汁和樱桃西红柿汁混合拌匀即可。

**专家点评**

这款饮品可补血、强身，让孕妈妈健康又美丽。樱桃含铁量高，具有促进血红蛋白再生的功效，对贫血的孕妈妈有一定的补益作用。西红柿富含丰富的胡萝卜素、B 族维生素、维生素 C、维生素 P，对心血管具有保护作用，还可维持胃液的正常分泌，利于保持血管壁的弹性和保护皮肤。

# 菠菜汁

**材料**

菠菜 100 克，凉开水 50 毫升，蜂蜜少许

**做法**

❶ 将菠菜洗净，切成小段。

❷ 将菠菜段放入榨汁机中，倒入凉开水搅打。榨成汁后，加蜂蜜调味。

**专家点评**

　　菠菜含有大量的植物粗纤维，具有促进肠道蠕动的作用，利于排便，帮助消化。此外，菠菜还具有活血脉、利五脏、调中气、通肠胃、助消化以及补血止血、平肝降压等功效。此款果蔬汁可促进生长发育，增强抗病能力，促进人体新陈代谢，延缓衰老，非常适合孕中期的妈妈们饮用。

# 芦笋西红柿汁

**材料**

芦笋 300 克，西红柿 1 个，鲜奶 200 毫升，凉开水适量

**做法**

❶ 将芦笋洗净，切块，放入榨汁机中榨汁；西红柿洗净，去皮，切小块备用。

❷ 将西红柿和凉开水放入搅拌机中搅匀。加入芦笋汁、鲜奶，调匀即可。

**专家点评**

　　芦笋具有清热利尿、抗癌的功效。经常食用此款果蔬汁可消除疲劳、降低血压、改善心血管功能、增进食欲、提高机体代谢能力、提高免疫力。孕中期的妈妈饮用对身体大有益处。

# 第四章

# 孕晚期菜肴

孕晚期（即女性怀孕的第 8 个月到第 10 个月）是胎儿快速成长的阶段，此时期的胎儿生长迅速，体重增加较快，对能量的需求也达到高峰。在这期间的孕妈妈会出现下肢水肿的现象，有些孕妈妈在临近分娩时心情忧虑紧张，食欲不佳。为了迎接分娩和哺乳，孕晚期妈妈更需要合理饮食，选择适宜的菜肴。

# 核桃仁拌韭菜

## 材料

核桃仁 300 克，韭菜 150 克，白糖 10 克，醋 3 毫升，盐 5 克，香油 8 毫升，食用油适量

## 做法

❶ 韭菜清洗干净，焯熟，切段。

❷ 锅内放入油，待油烧至五成热，下入核桃仁炸成浅黄色捞出。

❸ 在碗中放入韭菜、白糖、醋、盐、香油拌匀，和核桃仁一起装盘即成。

## 专家点评

这道菜有润肠通便、健脑强身之功效。核桃仁中含有丰富的磷脂和不饱和脂肪酸，可以让孕妈妈获得足够的亚麻酸和亚油酸。这些不饱和脂肪酸不仅可以补充孕妈妈身体所需的营养，还能促进胎儿的大脑发育，提高大脑活动的功能。

# 蛤蜊拌菠菜

## 材料

菠菜 400 克，蛤蜊 200 克，料酒 15 毫升，盐 4 克，鸡精 1 克，食用油适量

## 做法

❶ 将菠菜清洗干净，切成长度相等的段状，焯水，沥干装盘待用。

❷ 蛤蜊处理干净，加少许盐和料酒腌制，入油锅中翻炒至熟，加剩余盐和鸡精调味，起锅倒在菠菜上即可。

## 专家点评

这道菜清香爽口、营养丰富。蛤蜊里的牛磺酸，可以帮助胆汁合成，有助于胆固醇代谢，能防治贫血、改善记忆。菠菜中含有丰富的胡萝卜素、维生素 C、钙、磷及一定量的铁、维生素 E 等有益成分，能供给孕妈妈多种营养物质。

# 蒜蓉茼蒿

**材料**

茼蒿 400 克，蒜 20 克，盐 3 克，食用油适量，味精 2 克

**做法**

❶ 蒜去皮洗净，剁成蓉；茼蒿去掉黄叶，清洗干净。

❷ 锅中加适量清水，烧沸，将茼蒿稍微焯水，捞出。

❸ 锅中加油，炒香蒜蓉，下入茼蒿、盐、味精，翻炒均匀即可。

**专家点评**

　　这道菜清淡爽口，有开胃消食之功。茼蒿中含有特殊香味的挥发油，有助于宽中理气、消食开胃、增加食欲。其丰富的粗纤维有助于肠道蠕动、促进排便。茼蒿含有丰富的维生素、胡萝卜素及多种氨基酸，并且气味芳香，可以养心安神、稳定情绪、降压补脑。孕妈妈食用这道菜，不仅能补充身体所需的营养，还能调节体内水液代谢、开胃消食、利水消肿。

# 胡萝卜豆腐汤

**材料**

胡萝卜 100 克，豆腐 75 克，清汤适量，盐 5 克，香油 3 毫升，香菜段少许

**做法**

❶ 将胡萝卜去皮清洗干净，切丝；豆腐清洗干净，切丝备用。

❷ 净锅上火倒入清汤，下入胡萝卜、豆腐烧开，调入盐煲至熟，淋入香油，撒上香菜段即可。

# 鸽子银耳胡萝卜汤

**材料**

鸽子 1 只，水发银耳、胡萝卜各 20 克，盐、红椒圈、葱花各 3 克

**做法**

❶ 将鸽子处理干净，剁块汆烫；水发银耳清洗干净撕成小朵；胡萝卜去皮清洗干净；切块备用。

❷ 汤锅上火加水，下入鸽子、胡萝卜、水发银耳，调入盐、红椒圈、葱花煲熟即可。

# 冬瓜蛤蜊汤

**材料**

蛤蜊 250 克，冬瓜 50 克，盐 5 克，料酒 5 毫升，香油少许，姜片 10 克

**做法**

❶ 将冬瓜清洗干净，去皮，切丁。

❷ 将蛤蜊清洗干净，用淡盐水浸泡 1 小时，捞出沥水备用。

❸ 蛤蜊、冬瓜、姜片及料酒、香油入锅，大火煮至蛤蜊开壳后关火，捞出泡沫即可。

# 豆腐皮拌豆芽

**材料**

豆腐皮300克，绿豆芽200克，红甜椒30克，盐4克，味精2克，生抽8毫升，香油适量

**做法**

❶ 将豆腐皮、红甜椒清洗干净，切丝；绿豆芽清洗干净，掐头去尾备用。

❷ 将上述备好的材料放入开水中稍烫，捞出，沥干水分，放入容器里。

❸ 往容器里加盐、味精、生抽、香油搅拌均匀，装盘即可。

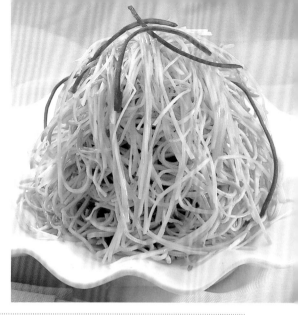

# 素炒茼蒿

**材料**

茼蒿500克，蒜蓉10克，盐3克，鸡精1克，食用油适量

**做法**

❶ 将茼蒿去掉黄叶后清洗干净，切段。

❷ 油锅烧热，放入蒜蓉爆香，倒入茼蒿快速翻炒至熟。

❸ 最后放入盐和鸡精调味，出锅装盘即可。

# 雪里蕻花生仁

**材料**

花生仁200克，雪里蕻150克，红甜椒25克，姜、盐、鲜汤、葱花、食用油、香油各适量

**做法**

❶ 红甜椒洗净切片；姜洗净切末；花生仁、雪里蕻洗净。

❷ 焯烫雪里蕻，放凉后切碎；花生仁煮烂。

❸ 油锅烧热，放入红甜椒片、姜末、雪里蕻末煸香，加盐、花生仁、鲜汤烧沸，焖至汤汁收浓，淋入香油，撒上葱花即可。

# 雪里蕻拌黄豆

**材料**

雪里蕻350克,黄豆100克,盐3克,鸡精1克,香油 10 毫升

**做法**

❶ 雪里蕻洗净切碎;黄豆浸泡一会儿。

❷ 将雪里蕻放入沸水锅中焯水至熟,装盘;黄豆煮熟,装盘。

❸ 调入香油、盐和鸡精,将雪里蕻和黄豆搅拌均匀即可。

**专家点评**

　　这道菜是适合孕妈妈食用的一道好食谱。雪里蕻含有丰富的胡萝卜素、膳食纤维及维生素 C 和钙,对胎儿生长发育、维持生理功能有很大帮助。黄豆含铁量高,并且易为人体吸收,对促进胎儿生长发育及预防孕妈妈缺铁性贫血非常有益。

# 炒丝瓜

**材料**

丝瓜 300 克,红甜椒 30 克,盐、鸡精、食用油各适量

**做法**

❶ 丝瓜去皮清洗干净,切块;红甜椒去蒂清洗干净,切片备用。

❷ 锅置火上,下油烧热,放丝瓜、红甜椒炒至八成熟,加盐、鸡精炒熟,装盘即可。

**专家点评**

　　这道菜有清热利尿、解暑除烦之功效,尤其适合孕妈妈夏季食用。丝瓜不仅汁水丰富,还含有丰富的营养元素,其中的 B 族维生素能延缓皮肤衰老,且维生素 C 含量高,能保护皮肤、消除斑块,使皮肤洁白、细嫩。丝瓜中的皂苷类物质、丝瓜苦味质、黏液质等特殊物质具有抗病毒、抗过敏等特殊作用。

# 豆芽韭菜汤

## 材料

绿豆芽 100 克，韭菜 30 克，盐 3 克，食用油、枸杞子各适量

## 做法

❶ 绿豆芽洗净；韭菜清洗干净切段备用。

❷ 锅上火倒入食用油，下绿豆芽、韭菜煸炒，倒入水，调入盐煮至熟，撒入枸杞子即可。

## 专家点评

　　绿豆芽可以有效预防坏血病，清除血管壁中的胆固醇和堆积的脂肪，防止心血管病变。绿豆芽所含的大量膳食纤维，可以预防便秘和消化道癌症等。韭菜也含有较多的膳食纤维，能促进胃肠蠕动，可有效预防习惯性便秘和肠癌。将绿豆芽搭配韭菜食用，是孕妈妈防治便秘的最佳选择。

# 鸡肉丝瓜汤

## 材料

鸡胸肉 200 克，丝瓜 175 克，盐 2 克，红椒块、清汤各适量

## 做法

❶ 鸡胸肉洗净切片；丝瓜洗净，切片备用。

❷ 汤锅上火倒入清汤，下入鸡胸肉、丝瓜，调入盐煮至熟，撒入红椒块即可。

## 专家点评

　　丝瓜含有构成人体骨骼的钙、维持身体功能的磷，对于调节人体的钙磷比例有很好的帮助，同时，丝瓜还有抗病毒、抗过敏的特殊作用。鸡胸肉中蛋白质含量较高，且易被人体吸收利用，有增强体力、强壮身体的作用，其所含的对人体发育有重要作用的磷脂类物质，是膳食结构中脂肪和磷脂的重要来源之一。

# 黄瓜鹌鹑蛋

**材料**

黄瓜、鹌鹑蛋各适量，盐、红油、料酒、生抽、水淀粉各适量

**做法**

❶ 将黄瓜清洗干净切块；鹌鹑蛋煮熟，去壳放入碗内，放入黄瓜，调入生抽和少许盐，入锅蒸约 10 分钟后取出。

❷ 炒锅置火上，加料酒烧开，加剩余盐、红油，加水淀粉勾薄芡后淋入碗中即可。

**专家点评**

鹌鹑蛋的营养价值很高，含有丰富的蛋白质、脑磷脂、卵磷脂、铁、磷、钙等营养物质，可补气益血、强筋壮骨。黄瓜肉质脆嫩，含有维生素、膳食纤维以及钙、磷、铁、钾等丰富的营养。

# 开屏武昌鱼

**材料**

武昌鱼 1 条，红甜椒 1 个，盐 3 克，生抽 5 毫升，葱 20 克，食用油适量

**做法**

❶ 武昌鱼宰杀，去内脏、鳞后清洗干净；葱、红甜椒清洗干净，切丝。

❷ 将武昌鱼切成连刀片，用盐、生抽腌制 10 分钟。

❸ 入蒸锅蒸 8 分钟，取出撒上葱丝、红甜椒丝，浇上热油即可。

**专家点评**

这道菜中鱼肉细嫩，味道鲜美。武昌鱼肉的纤维短且柔软，孕妈妈食用易消化，其中的牛磺酸对调节血压、降低血脂、防治动脉硬化、保护视力都有一定作用。武昌鱼还有调理脾胃的功效，能健脾开胃、增进食欲。

# 香菇冬笋煲小公鸡

## 材料

小公鸡 250 克，鲜香菇 100 克，冬笋 65 克，油菜 8 棵，盐少许，味精 5 克，香油 2 毫升，葱末、姜末、枸杞子各 3 克，食用油适量

## 做法

1. 小公鸡处理干净，剁块汆烫；香菇去蒂洗净切片；冬笋洗净切片；油菜洗净备用。
2. 炒锅上火倒入油，将葱、姜爆香，倒入水，下入鸡肉、香菇、冬笋、油菜、枸杞子，调入盐、味精烧沸，淋入香油即可。

## 专家点评

这道汤食材丰富，可滋补养身、清热化痰、利水消肿、润肠通便。其中香菇是一种高蛋白、低脂肪的健康食品，它的蛋白质中含有多种人体所需的氨基酸，对胎儿大脑发育很有益。冬笋含有蛋白质、维生素、钙等营养成分，有消肿、通便的功效。

# 姜煲鸽子

## 材料

鸽子 1 只，枸杞子 20 克，姜 50 克，盐、青菜各少许

## 做法

1. 鸽子处理干净，斩块汆烫；姜清洗干净，切小块；枸杞子泡开备用。
2. 炒锅上火倒入水，下入鸽子、姜块、枸杞子、青菜，调入盐以小火煲至熟即可。

## 专家点评

鸽肉含蛋白质丰富，且脂肪含量极低，其所含的维生素 A、维生素 $B_1$、维生素 $B_2$、维生素 E 及铁等微量元素也很丰富。此外，鸽子骨内含有丰富的软骨素，有改善皮肤细胞活力、增强皮肤弹性、改善血液循环等功效。

## 糖醋全鲤

**材料**

鲤鱼 1 条，白糖 200 克，醋 150 毫升，料酒 10 毫升，西红柿块 50 克，盐、食用油各适量

**做法**

① 鲤鱼处理干净，改花刀，入锅炸熟捞出。

② 锅内留油，加入水，放入白糖、醋、西红柿块、盐、料酒，以大火熬成汁。

③ 把鲤鱼放入锅中，待汁熬至浓稠时，再放少许水煮沸，出锅即可。

## 香炸福寿鱼

**材料**

福寿鱼 500 克，葱丝、姜片、白糖、醋、料酒、番茄酱、盐、淀粉、水淀粉、食用油各适量

**做法**

① 福寿鱼洗净切花刀，用盐、料酒腌制。

② 鱼身抹上淀粉，下油锅炸至金黄，捞出。

③ 锅底留油，爆香姜片后捞出，加白糖、番茄酱及适量清水焖煮至沸腾，以水淀粉勾芡；将炸好的福寿鱼放进锅里拌匀，淋入醋，撒上葱丝，出锅装盘。

## 清蒸武昌鱼

**材料**

武昌鱼 500 克，盐、料酒、生抽、香油各少许，姜丝、葱丝、红甜椒各 10 克

**做法**

① 武昌鱼处理干净；红甜椒洗净，切丝。

② 武昌鱼放入盘中，抹上料酒、盐腌制约 5 分钟。

③ 将鱼放入蒸锅，撒上姜丝，蒸至熟后取出，撒上葱丝、红甜椒丝，用生抽、香油调成调味汁后，淋入即可。

# 清炖鲤鱼

**材料**

鲤鱼 450 克，盐少许，葱段、姜片各 5 克，醋少许，香菜末 3 克，食用油适量

**做法**

① 将鲤鱼处理干净，一分为二备用。

② 净锅上火倒入食用油，将葱、姜爆香，调入盐、醋、水烧沸，下入鲤鱼煲至熟，撒入香菜即可。

# 五爪龙鲈鱼汤

**材料**

鲈鱼 400 克，五爪龙 100 克，盐、食用油各适量，香菜、枸杞子各 2 克

**做法**

① 将鲈鱼处理干净备用；五爪龙清洗干净，切碎。

② 炒锅上火倒入油烧热，下入鲈鱼、五爪龙煸炒2分钟，倒入水加枸杞子，煲至汤呈白色，调入盐，撒入香菜即可。

# 鲍鱼老鸡干贝煲

**材料**

老鸡 250 克，水发干贝 75 克，鲍鱼 1 只，食用油 20 毫升，盐 3 克，味精 2 克，葱、青菜、枸杞子各 5 克，香油 4 毫升

**做法**

① 将水发干贝洗净；鲍鱼洗净改花刀，入水汆透待用；鸡洗净斩块，汆烫。

② 锅上火倒油，炝香葱，加入水，调入盐、味精，放入鸡肉、鲍鱼、干贝、青菜、枸杞子以小火煲至全熟，淋入香油即可。

# 煎酿香菇

**材料**

香菇 200 克，猪肉末 300 克，盐、葱、蚝油、食用油、老抽、高汤各适量

**做法**

❶ 香菇清洗干净，去蒂；葱洗干净，切末；猪肉末放入碗中，调入盐、葱末拌匀。

❷ 将拌匀的猪肉末酿入香菇中。

❸ 平底锅注油烧热，放入香菇煎至八成熟，调入蚝油、老抽和高汤，煮至入味即可。

**专家点评**

这道菜可开胃消食，增强孕妈妈的免疫力。香菇营养丰富，多吃能强身健体、增加对疾病的抵抗能力、促进胎儿的发育。香菇含有的腺嘌呤，可降低胆固醇、预防心血管疾病和肝硬化。同时，香菇还能促进人体对钙、磷的吸收，有助于胎儿骨骼和牙齿的发育。

# 蘑菇鹌鹑蛋

**材料**

鹌鹑蛋 10 个，蘑菇 100 克，油菜 200 克，盐 3 克，醋少许，生抽 10 毫升，水淀粉 10 克，高汤、食用油各适量

**做法**

❶ 煎锅烧热，将鹌鹑蛋都煎成荷包蛋备用；蘑菇泡发，洗净；油菜洗净，烫熟装盘。

❷ 锅内注油烧热，下蘑菇翻炒至熟后，捞出摆在油菜上，再摆上鹌鹑蛋。

❸ 锅中加少许高汤烧沸，加入盐、醋、生抽调味，用水淀粉勾芡，淋于盘中即可。

**专家点评**

这道菜中的鹌鹑蛋所含的蛋白质、卵磷脂、铁以及丰富的矿物质和维生素，不仅能促进胎儿发育，还有健脑的作用。

# 清蒸福寿鱼

**材料**

福寿鱼 500 克，盐 2 克，姜片 5 克，葱、香菜各 15 克，生抽 10 毫升，番茄酱 10 克，香油 5 毫升

**做法**

① 福寿鱼去鳞和内脏，清洗干净，在背上划花刀；葱洗净，葱白切段，葱叶切丝。

② 将鱼装入盘内，加入番茄酱、姜片、葱白段、盐，放入锅中蒸熟。

③ 取出蒸熟的鱼，淋上生抽、香油，撒上葱丝、香菜即可。

**专家点评**

这道清蒸鱼鱼肉软嫩、鲜香味美，可为孕妈妈补养身体、提高抵抗力。福寿鱼肉中富含的蛋白质，易于被人体吸收，氨基酸含量也很高，所以对促进胎儿智力发育、降低胆固醇和血液黏稠度、预防心脑血管疾病具有明显的作用。福寿鱼含有多种不饱和脂肪酸、丰富的蛋白质、脂肪、钙、磷、钠、铁、维生素 $B_1$、维生素 $B_2$ 等，有利于保护心血管功能，促进血液循环。

# 鲈鱼西蓝花粥

**材料**

大米 80 克，鲈鱼 50 克，西蓝花 20 克，盐 3 克，味精 2 克，葱花、姜末、料酒、枸杞子、香油各适量

**做法**

❶ 大米清洗干净；鲈鱼处理干净，切块，用料酒腌制；西蓝花清洗干净，掰成小块。

❷ 锅置火上，加入水、大米煮至五成熟。

❸ 放入鱼肉、西蓝花、姜末、枸杞子煮至米粒开花，加入盐、味精、香油，撒上葱花即可。

**专家点评**

　　西蓝花富含膳食纤维、矿物质、维生素 C 等。鲈鱼是促进胎儿大脑及身体发育的首选食物之一，它含有大量的不饱和脂肪酸，对胎儿大脑和眼睛的正常发育尤为重要。

# 胡萝卜玉米排骨汤

**材料**

玉米 250 克，胡萝卜、排骨各 100 克，盐、香菜各 5 克，花生仁 50 克，枸杞子 15 克

**做法**

❶ 玉米洗净切段；胡萝卜洗净切块；排骨洗净切块；花生仁、枸杞子洗净备用。

❷ 排骨放入碗中，撒上盐，腌制片刻。

❸ 锅中入水烧沸，将玉米、胡萝卜焯水；排骨汆烫，捞出沥干水。

❹ 另起砂锅加入水，烧沸腾后倒入上述原材料，煮沸后转小火煲 2 小时，加盐调味，撒上香菜即可。

**专家点评**

　　此汤富含的维生素 A 是胎儿骨骼正常生长发育的必需物质，且有助于细胞增殖，对促进胎儿的生长发育有重要意义。

# 花生核桃猪骨汤

### 材料

花生仁 50 克，核桃仁 20 克，猪骨 500 克，盐 3 克，豆角适量

### 做法

❶ 猪骨洗净，斩块；核桃仁、花生仁泡发；豆角洗净切段。

❷ 锅中注水烧沸，入猪骨氽透后捞出，冲洗干净。

❸ 另起锅加水烧开，下入猪骨、核桃仁、花生仁、豆角，煲 1 小时，调入盐即可。

### 专家点评

这道汤对胎儿的大脑发育以及孕妈妈的身体很有好处。核桃中的营养成分具有增强细胞活力、促进造血、增强免疫力等功效。花生红衣，可益气补血。

---

# 凉拌西蓝花红豆

### 材料

红豆、洋葱各 50 克，西蓝花 250 克，橄榄油 3 毫升，柠檬汁少许，盐 5 克

### 做法

❶ 洋葱洗净切丁；红豆泡水 4 小时，放入锅中煮熟。

❷ 西蓝花洗净切小朵，放入开水中氽烫至熟，捞出泡凉水备用。

❸ 将橄榄油、盐、柠檬汁调成调味汁备用。

❹ 洋葱氽烫后捞出，沥干，放入锅中，加入西蓝花、红豆、调味汁拌匀即可食用。

### 专家点评

红豆富含铁质，有补血、促进血液循环、增强体力、增强抵抗力的功效。西蓝花中含有一种可以稳定孕妇血压、缓解焦虑的物质，这种物质对胎儿心脏起到很好的保护作用。

# 绿豆鸭汤

**材料**

鸭肉 250 克，绿豆、红豆各 20 克，盐、香菜各适量

**做法**

❶ 将鸭肉洗干净，切块；绿豆、红豆淘洗干净备用。

❷ 净锅上火倒入适量清水，调入少许盐，下入准备好的鸭肉、绿豆、红豆，继续煲至材料熟透，撒上香菜即可。

# 干贝蒸水蛋

**材料**

鸡蛋 3 个，鲜干贝、葱花各 10 克，盐 2 克，白糖 1 克，淀粉 5 克，香油适量

**做法**

❶ 鸡蛋在碗里打散，加入鲜干贝和盐、白糖、淀粉搅匀。

❷ 鸡蛋放锅里隔水蒸 12 分钟，至鸡蛋凝结。

❸ 将蒸好的鸡蛋撒上葱花，淋上香油即可。

# 桑葚活力沙拉

**材料**

桑葚、哈密瓜各 50 克，杨梅 30 克，苹果 1 个，油桃 1 个，优酪乳 300 毫升

**做法**

❶ 哈密瓜清洗干净，去皮，切块；杨梅清洗干净，切片。

❷ 苹果清洗干净，去皮，切小丁；桑葚清洗干净；油桃去皮，切片。

❸ 将所有的材料放入碗中，再将优酪乳倒入拌匀即可。

# 草菇虾米豆腐

### 材料

豆腐 150 克，虾米 20 克，草菇 100 克，香油 5 毫升，白糖、盐、红椒圈、食用油各适量

### 做法

❶ 草菇洗净切片，入油锅炒熟，出锅晾凉；虾米清洗干净，泡发，捞出切成碎末。

❷ 豆腐放沸水中烫一下捞出，放碗内晾凉，沥水，加盐，将豆腐打散拌匀；将草菇片、虾米撒在豆腐上，加白糖和香油搅匀后扣入盘内，撒上红椒圈即可。

# 玉米笋炒芹菜

### 材料

芹菜 250 克，玉米笋 100 克，红甜椒段、姜末、蒜末各 8 克，盐、淀粉、食用油各适量

### 做法

❶ 玉米笋洗净，从中间剖开一分为二；芹菜洗净，切成与玉米笋长短一致的长度，然后一起下入沸水锅中焯水，捞出，沥干。

❷ 炒锅置大火上，下油爆香姜末、蒜末、红甜椒段，再倒入玉米笋、芹菜一起翻炒均匀，待熟时，下入剩余材料调味即可。

# 葡萄干土豆泥

### 材料

土豆 200 克，葡萄干、香菜、蜂蜜各适量

### 做法

❶ 把葡萄干放温水中泡软后切碎。

❷ 把土豆洗干净后去皮，然后放入容器中上锅蒸熟，趁热做成土豆泥。

❸ 将土豆泥与碎葡萄干一起放入锅内，加 2 小匙水，放火上用微火煮，熟时加入蜂蜜拌匀。

# 红豆牛奶汤

**材料**

红豆 15 克，低脂鲜奶 190 毫升，蜂蜜 5 毫升

**做法**

❶ 红豆清洗干净，浸泡一夜。

❷ 红豆放入锅中，开中火煮约 30 分钟，熄火后再闷煮约 30 分钟。

❸ 将红豆、蜂蜜、低脂鲜奶放入碗中，搅拌均匀即可食用。

**专家点评**

红豆是一种营养高、功效多的杂粮，它富含蛋白质、脂肪、糖类、B 族维生素和钾、铁、磷等矿物质。秋冬季怕冷、易疲倦、面色无华的孕妈妈，应经常食用红豆类食品，以补血、促进血液循环、增强体力和抗病能力。

# 绿豆粥

**材料**

绿豆 80 克，大米 50 克，红糖 25 克

**做法**

❶ 大米和绿豆清洗干净，泡水 30 分钟备用。

❷ 锅中加入水，再加入绿豆、大米，以大火煮开。

❸ 转用小火煮至大米熟烂，粥浓时，再下入红糖，继续煮至糖溶化即可。

**专家点评**

这道绿豆粥香甜嫩滑，有清热解毒、生津止渴的功效，适合食欲不好的孕妈妈食用。绿豆中赖氨酸的含量高于其他作物，同时，还富含淀粉、脂肪、蛋白质及锌、钙等。绿豆性寒，尚有消暑止渴、利水消肿之功效，是孕妈妈补锌及防治妊娠水肿的佳品。

# 筒骨娃娃菜

**材料**

筒骨 200 克，娃娃菜 250 克，枸杞子、老姜各少许，盐 2 克，醋 5 毫升，高汤适量

**做法**

❶ 筒骨洗净斩成段，入开水锅中汆烫，捞出沥水待用；娃娃菜洗净，一剖为四；枸杞子泡发洗净；老姜去皮，切成薄片。

❷ 锅内倒入高汤烧沸，下筒骨、姜片，滴入几滴醋。

❸ 煮香后放入娃娃菜煮熟，加盐调味后撒上枸杞子即可。

**专家点评**

这道菜清爽鲜美，有增强抵抗力、益髓填精、补气养血的功效。筒骨除含蛋白质、脂肪、维生素、铁外，还含有大量磷酸钙、骨胶原、骨粘连蛋白等，可为孕妈妈提供丰富的钙质。

# 口蘑灵芝鸭汤

**材料**

鸭 400 克，口蘑 125 克，灵芝 5 克，盐少许，香菜段、红椒丝各适量

**做法**

❶ 将鸭清洗干净，斩块汆烫；口蘑清洗干净，切块；灵芝清洗干净，浸泡备用。

❷ 煲锅上火加水，下入鸭肉、口蘑、灵芝，调入盐，撒上香菜段、红椒丝，煲至全熟即可。

**专家点评**

这道汤中的口蘑是良好的补硒食品，它能够防止过氧化物损害机体，减少因缺硒引起的血压升高和血液黏度增加的情况，调节甲状腺的功能，有预防妊娠高血压的作用。另外，鸭肉性寒，有很好的滋阴功效。

# 橙汁山药

**材料**

山药 500 克，橙汁 100 毫升，枸杞子 8 克，白糖 30 克，水淀粉 25 克

**做法**

❶ 山药洗净，去皮，切条，入沸水中煮熟，捞出，沥干水分；枸杞子稍泡备用。

❷ 橙汁稍加热，再加白糖，然后用水淀粉勾芡成汁。

❸ 将橙汁淋在山药上，腌制入味，放上枸杞子即可。

**专家点评**

　　橙汁山药是一款不错的缓解孕妇妊娠呕吐的食品，加了橙汁的山药酸酸甜甜、营养丰富，是高碳水化合物的食物，可改善妊娠呕吐引起的不适症状。山药含有淀粉酶、多酚氧化酶等物质，有利于脾胃消化吸收。

# 酱烧春笋

**材料**

春笋 500 克，蚝油 10 毫升，甜面酱 10 克，姜末、蒜末、红椒丝各 5 克，白糖、鸡精、香油、鲜汤、食用油各适量

**做法**

❶ 春笋削去老皮，洗净，切成长条，放入沸水中焯一会儿。

❷ 锅中加油烧热，放入姜末、蒜末炝锅，再放入笋段翻炒。

❸ 放入鲜汤，烧煮至汤汁快干时调入蚝油、甜面酱、白糖、鸡精、香油，炒匀，撒上红椒丝即可。

**专家点评**

　　此道菜膳食纤维丰富，有润肠通便的功效。春笋含有充足的水分、丰富的植物蛋白质以及钙、磷、铁等人体必需的营养成分。

# 西芹炒鸡柳

## 材料

西芹、鸡肉各 300 克，胡萝卜 1 根，姜数片，蒜片少许，料酒 5 毫升，鸡蛋 1 个，盐、淀粉、香油、食用油各适量

## 做法

1. 鸡肉洗净切条，加入鸡蛋清、盐、淀粉拌匀，腌 15 分钟备用。
2. 西芹去筋洗净，切菱形，入油锅加盐略炒，盛出；胡萝卜洗净切片。
3. 锅烧热，下油，爆香姜片、蒜片、胡萝卜，加入鸡柳和料酒等调味料，放入西芹，炒匀勾芡，装盘即成。

## 专家点评

这道菜有降压利尿、增进食欲和健胃等作用。西芹中含有芹菜苷、佛手苷等降压成分，对于原发性、妊娠性及更年期高血压均有效。

# 鲍汁扣三菇

## 材料

鲍汁、杏鲍菇、滑子菇、香菇、西蓝花各适量，盐、蚝油、水淀粉、香油、食用油各适量

## 做法

1. 杏鲍菇、滑子菇、香菇清洗干净，切块；西蓝花清洗干净，切小朵。
2. 杏鲍菇、滑子菇、香菇烫熟，调入鲍汁、盐、蚝油蒸 40 分钟。
3. 油锅烧热，倒入蒸菇的汁烧开，用水淀粉勾芡，淋入香油，浇在三菇上，旁边摆上氽烫过的西蓝花即成。

## 专家点评

杏鲍菇、滑子菇、香菇富含多种营养成分，其中杏鲍菇具有高蛋白、低脂肪的优良特性，常食有助于增进食欲、促进消化、增强人体免疫力。

# 李子蛋蜜汁

**材料**

李子 2 个，蛋黄 1 个，牛奶 240 毫升，蜂蜜 1 大匙

**做法**

❶ 李子清洗干净，去核，切大丁。

❷ 将李子丁、蛋黄、牛奶一同放入搅拌机内，搅打 2 分钟加蜂蜜调味即可。

**专家点评**

　　这款饮品酸酸甜甜，很符合孕妇的口味。李子能促进胃酸和胃消化酶的分泌，有增加肠胃蠕动的作用。孕妈妈吃些李子可以促进消化、预防便秘、增强食欲，有利于孕期营养的补充。同时，李子有很好的美容养颜功效，孕妈妈吃李子可以预防孕期皮肤变差，同时对胎儿皮肤发育也有好处。

# 李子牛奶饮

**材料**

李子 6 个，牛奶 250 毫升，蜂蜜少许

**做法**

❶ 李子清洗干净，去核取肉。

❷ 将李子肉、牛奶放入搅拌机中。

❸ 加入蜂蜜后一起搅拌均匀即可。

**专家点评**

　　这款果汁有润肠、助消化的作用。因为李子含有大量膳食纤维，不增加肠胃负担，还能帮助排毒，而且富含钾、铁、钙、维生素 A、B 族维生素，有预防贫血、消除疲劳的作用。同时，还能促进胃酸和胃消化酶的分泌，有增加肠胃蠕动的作用。孕妈妈吃些李子，可以促进消化、预防便秘，有助于胎儿的骨骼发育，可预防新生儿佝偻病。

# 桑葚沙拉

**材料**

胡萝卜30克,青梅2个,哈密瓜、桑葚各50克,梨1个,山竹1个,沙拉酱1大匙

**做法**

❶ 胡萝卜清洗干净,切块;青梅洗净去核,切成片。

❷ 哈密瓜去皮、切块;桑葚清洗干净;梨洗净去皮、切块;山竹去皮、掰成块。

❸ 将所有的材料放入盘子里,然后拌入沙拉酱即可。

**专家点评**

　　桑葚含有丰富的活性蛋白、维生素、氨基酸、胡萝卜素、矿物质等成分,具有多种功效,被医学界誉为"21世纪的最佳保健果品"。桑葚中含有大量的水分、碳水化合物、多种维生素、胡萝卜素及人体必需的微量元素等,能有效地增加人体的血容量,且补而不腻,适宜妊娠高血压孕妇食用。常吃桑葚能显著提高人体免疫力。此外,桑葚还具有延缓衰老、美容养颜的功效。

# 哈密瓜汁

**材料**

哈密瓜 1/2 个

**做法**

❶ 哈密瓜洗净，去瓤，去皮，并切成小块。

❷ 将哈密瓜放入果汁机内，搅打均匀。

❸ 把哈密瓜汁倒入杯中，即可饮用。

**专家点评**

　　这款果汁含有丰富的维生素及钙、磷、铁等十多种矿物质，是适合孕妈妈饮用的天然保健果汁。果汁因哈密瓜香甜而让人增加食欲，而且有利于肠道的消化。对食欲不好和便秘的孕妈妈来说，也是不错的食疗营养果汁。此外，哈密瓜汁可清凉消暑，有利于孕妈妈保持稳定、愉快、安宁的情绪，消除疲累、焦躁不安等不适症状。

---

# 冬瓜苹果柠檬汁

**材料**

冬瓜 150 克，苹果 80 克，柠檬 30 克，凉开水 240 毫升

**做法**

❶ 将冬瓜削皮，去籽，洗净后切成小块。

❷ 将苹果洗净后带皮去核，切成小块；柠檬洗净，切片。

❸ 所有材料放入榨汁机内，搅打 2 分钟即可。

**专家点评**

　　冬瓜具有利尿消肿、清热止渴、减肥的功效。苹果具有生津止渴、清热除烦、健胃消食的功效。二者加上柠檬榨汁，既可以增进孕妈妈的食欲，又可以为孕妈妈提供丰富的维生素。

# 甜瓜酸奶

**材料**

甜瓜 100 克，酸奶 250 毫升，蜂蜜适量

**做法**

❶ 将甜瓜清洗干净，去皮，切块，放入榨汁机中榨成汁。

❷ 将果汁倒入搅拌机中，加入酸奶、蜂蜜，搅打均匀即可。

**专家点评**

　　这款饮品奶香十足、酸甜可口。酸奶除了能提供必要的能量外，还能提供维生素、叶酸和磷酸。孕妈妈食用酸奶，可以增加营养、降低胆固醇。甜瓜营养丰富，可补充人体所需的能量及营养素，其中富含的碳水化合物及柠檬酸等营养成分，可清热消暑、生津解渴。

# 红豆香蕉酸奶

**材料**

红豆 2 大匙，香蕉 1 根，酸奶 200 毫升，蜂蜜少许

**做法**

❶ 将红豆清洗干净，入锅煮熟备用；香蕉去皮，切成小段。

❷ 将红豆、香蕉块放入搅拌机中，再倒入酸奶和蜂蜜，搅打成汁即可。

**专家点评**

　　这道饮品含有丰富的蛋白质、碳水化合物、维生素 C、维生素 A 等多种营养，对胎儿的身体和大脑发育都很有益处。酸奶含有丰富的钙和蛋白质等，可以促进孕妈妈的食欲，并有助于胎儿的骨骼发育。香蕉则有促进肠胃蠕动、防治便秘的作用。

# 白萝卜汁

**材料**

白萝卜50克，蜂蜜20毫升，醋适量，冷开水350毫升

**做法**

❶ 将白萝卜洗净，去皮，切成丝，备用。

❷ 将白萝卜丝、蜂蜜、醋倒入榨汁机中，加冷开水搅打成汁即可。

**专家点评**

白萝卜具有清热生津、润肺化痰、下气消食的功效。与蜂蜜、醋榨汁饮用，可以提高消化功能，有利于健脾开胃，对恶心呕吐、泛酸等症也有很好的食疗效果，适合孕妈妈饮用。

# 百合香蕉葡萄汁

**材料**

干百合20克，香蕉1根，葡萄100克，猕猴桃1个，冰水300毫升

**做法**

❶ 干百合泡发，洗净；香蕉与猕猴桃去皮，均切小块；葡萄洗净，去籽。

❷ 将所有材料放入榨汁机一起搅打成汁，滤渣留汁即可。

**专家点评**

百合具有润肺止咳、宁心安神的功效，香蕉具有促进肠胃蠕动、消除疲劳的功效，葡萄具有补益气血、通利小便的功效，猕猴桃具有清热降火、润燥通便的功效。因此，此果汁非常适合孕妈妈饮用。

# 第五章

# 产褥期菜肴

产褥期（即产妇分娩后到产妇机体和生殖器官功能基本复原的一段时期，时间为 6 ~ 8 周）的饮食对产妇日后身体的恢复至关重要。产妇分娩过后，身体变得十分虚弱，需要加强营养的补充。新生儿要很好地生长发育，其营养主要来源为产妇的乳汁。所以，这个时期产妇要多吃一些对自己的身体健康及对新生儿的生长有利的食物。

# 三黑白糖粥

### 材料
黑芝麻 10 克，黑豆 30 克，黑米 70 克，白糖 3 克

### 做法
❶ 将黑米、黑豆均洗净，置冷水锅中浸泡 30 分钟后捞出沥干水分；黑芝麻清洗干净。
❷ 锅中加适量清水，放入黑米、黑豆、黑芝麻，以大火煮至开花。
❸ 转小火将粥煮至浓稠，调入白糖即可。

### 专家点评
　　黑豆具有补肝肾、强筋骨、润肠胃、明目、利水的作用。黑米具有滋阴补肾、健脾暖肝、补血益气、益智补脑等作用。黑芝麻也富含蛋白质、钙、卵磷脂等多种营养成分。将这三种黑色食物一起熬粥，能滋养身体、促进胃肠消化，特别适合产妇食用。

# 燕麦枸杞子粥

### 材料
枸杞子 10 克，大米 100 克，燕麦、盐各适量

### 做法
❶ 将枸杞子、大米、燕麦放水中泡发后清洗干净。
❷ 然后将燕麦、大米、枸杞子一起放入锅中，加水煮 30 分钟熬成粥，再加入少量盐，继续煮至盐溶化即可。

### 专家点评
　　大米和燕麦的蛋白质含量都较丰富，而且其氨基酸的组成比例合理，蛋白质的利用率高。其含有的钙、磷、铁、锌等矿物质有促进伤口愈合、预防贫血的功效，是补钙佳品。产妇喝这道粥可以起到滋补身体、增强自身免疫力的作用。

# 花菇炒莴笋

## 材料

莴笋2根,水发花菇、胡萝卜各20克,盐、味精、蚝油、清汤、水淀粉、食用油各适量

## 做法

❶ 莴笋、胡萝卜均去皮清洗干净,切成滚刀块;花菇清洗干净。

❷ 油锅烧热,放莴笋、花菇、胡萝卜煸炒。

❸ 锅中加清汤、盐、味精、蚝油,煮沸,用水淀粉勾薄芡即可。

## 专家点评

这道菜可以预防产后妈妈便秘。莴笋含有大量膳食纤维,能促进肠道蠕动,通利大便,可用于辅助治疗各种便秘。花菇富含蛋白质、氨基酸、粗纤维和维生素 $B_1$、维生素 $B_2$、维生素 C、钙、磷、铁等。其蛋白质中有白蛋白、谷蛋白等,具有调节人体新陈代谢、帮助消化、降低血压、防治佝偻病等作用。

# 金针菇香菜鱼片汤

## 材料

金针菇 30 克，鱼肉 100 克，香菜 20 克，盐适量

## 做法

❶ 香菜清洗干净切段；金针菇用水浸泡，清洗干净，切段备用。

❷ 鱼肉清洗干净后切成片。

❸ 金针菇加水煮滚后，再放入鱼片煮 5 分钟，最后加香菜、盐调味即成。

## 专家点评

金针菇具有抵抗疲劳、抗菌消炎的功效。常食可以增强机体细胞的生物活性、促进新陈代谢，还有利于食物中各种营养素的吸收和利用，对婴儿的生长发育也大有益处，因此非常适合哺乳期妈妈食用。

# 椰子银耳鸡汤

## 材料

椰子 1 个，鸡 1 只，银耳 40 克，姜 1 片，蜜枣 4 颗，杏仁 10 克，盐 5 克

## 做法

❶ 鸡清洗干净，剁成小块；椰子去壳取肉。

❷ 银耳放入清水中浸透，剪去硬梗，清洗干净；椰子肉、蜜枣、杏仁分别清洗干净。

❸ 锅中放水和姜片，加入上述所有材料，待水开后转小火煲约 2 小时，放盐调味即成。

## 专家点评

这道汤可以滋补血气。银耳富含天然胶质，加上它的滋阴作用，长期服用可以润肤养颜，并有祛除脸部黄褐斑、雀斑的功效。将其与有补益脾胃作用的椰子，以及有补精填髓、补益五脏、补益虚损的鸡肉共同煲汤，滋补效果非常好。

# 百合乌鸡枸杞子煲

### 材料

乌鸡 300 克，水发百合 20 克，枸杞子 10 克，盐 5 克，葱花少许

### 做法

❶ 将乌鸡处理干净斩块汆烫；水发百合清洗干净；枸杞子清洗干净备用。

❷ 净锅上火倒入水，调入盐，下入乌鸡、水发百合、枸杞子煲至熟，撒上葱花即可。

### 专家点评

　　这道汤有益气补血、滋阴润肺的功效，有益于产后恢复体力。乌鸡中的烟酸、维生素 E、磷、铁、钾、钠的含量均高于普通鸡肉，是营养价值极高的滋补品。百合主要含生物素、秋水碱等多种生物碱和营养物质，有良好的滋补功效。

# 玉米须鲫鱼煲

### 材料

鲫鱼 450 克，玉米须 50 克，莲子 5 克，食用油 30 毫升，盐少许，味精 3 克，葱段、姜片、红椒圈各 5 克，香菜适量

### 做法

❶ 将鲫鱼处理干净，在鱼身上打上花刀；玉米须清洗干净；莲子清洗干净备用。

❷ 锅上火倒入食用油，将葱、姜炝香，下入鲫鱼略煎，倒入水，调入盐、味精，加入玉米须、莲子煲至熟，撒上香菜、红椒圈即可。

### 专家点评

　　这道汤有利水、通乳的作用。鲫鱼有催乳利尿之效，且富含锌元素，产后新妈妈常食对预防小儿缺锌很有好处。玉米须可主治水肿、小便淋沥、高血压、糖尿病、乳汁不通等症。

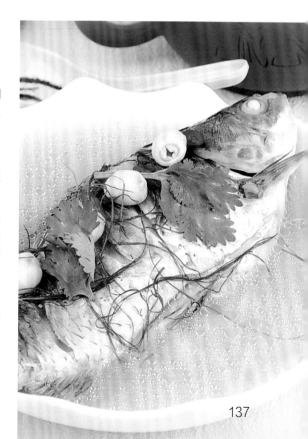

# 干黄鱼煲木瓜

**材料**

干黄鱼 2 条，木瓜 100 克，盐少许，香菜段、红椒丝各 2 克

**做法**

❶ 将干黄鱼清洗干净浸泡；木瓜清洗干净，去皮、籽，切方块备用。

❷ 净锅上火倒入适量清水，调入少许盐，再下入干黄鱼、木瓜继续煲至熟透，撒入香菜段、红椒丝即可。

# 荷兰豆炒墨鱼

**材料**

百合、荷兰豆各 100 克，墨鱼 150 克，蒜片、姜片、葱白各 15 克，白糖 5 克，水淀粉 10 克，食用油 10 毫升，盐 2 克

**做法**

❶ 百合洗净，掰片；荷兰豆洗净；墨鱼剖净切片。

❷ 炒锅下食用油，放入姜、蒜、葱炒香，加入百合、荷兰豆、墨鱼片一起翻炒。

❸ 加入白糖、盐炒匀，用水淀粉勾芡即可。

# 草菇炒虾仁

**材料**

虾仁 300 克，草菇 150 克，胡萝卜 100 克，盐、水淀粉、食用油、料酒各适量

**做法**

❶ 虾仁洗净，用少许盐、料酒腌 10 分钟；草菇洗净对切，氽烫；胡萝卜洗净切片。

❷ 油烧至七成热，放入虾仁过油，待其变红时捞出，余油倒出。另炒胡萝卜片和草菇，再将虾仁回锅，加入剩余盐炒匀，用水淀粉勾芡后盛出即可。

# 木瓜鲈鱼汤

**材料**

木瓜450克，鲈鱼500克，姜4片，火腿100克，食用油适量，盐5克

**做法**

❶ 鲈鱼剖净斩块；炒锅下食用油、姜片，将鲈鱼两面煎至金黄色。

❷ 木瓜去皮、核，切块；火腿切片；炒锅放姜片，将木瓜爆炒5分钟。

❸ 清水入瓦锅中煮沸，加木瓜、鲈鱼和火腿片，大火煲开改小火煲2小时，加盐即可。

# 平菇烧腐竹

**材料**

干腐竹200克，平菇150克，青豆、胡萝卜丁各20克，淀粉5克，料酒5毫升，清汤200毫升，姜末、盐、味精、食用油各适量

**做法**

❶ 干腐竹洗净切段；青豆洗净；平菇洗净切片；腐竹、青豆、平菇余烫，捞出。

❷ 油锅烧热，煸炒姜末、胡萝卜丁，烹入料酒、清汤、盐，下入上述所有食材稍煨，加味精调味即可。

# 西红柿炒茭白

**材料**

茭白500克，西红柿100克，盐、味精、料酒、白糖、水淀粉、香菜末、食用油各适量

**做法**

❶ 茭白洗净拍松，切条；西红柿洗净切块。

❷ 锅加油烧热，下茭白炸至外层稍收缩、色呈浅黄色时捞出。

❸ 锅内留油，倒入西红柿、茭白、清水、味精、料酒、盐、白糖焖烧至汤汁较少时，用水淀粉勾芡，撒上香菜末即可。

# 黑米粥

### 材料

黑米 100 克，白糖 20 克

### 做法

❶ 将黑米清洗干净，浸泡一夜备用。

❷ 锅中倒入水，放入黑米，大火煮 40 分钟。

❸ 转用小火煮 15 分钟，调入白糖即可食用。

### 专家点评

　　黑米含蛋白质、脂肪、碳水化合物、B 族维生素、维生素 E 等多种营养成分，营养丰富，具有清除自由基、改善缺铁性贫血、抗应激反应以及调节免疫系统等多种生理功能。多食黑米具有补肾益精之功效，对于产后虚弱，以及贫血、肾虚等妇女均有很好的滋补作用。对哺乳期妈妈来说，常食此粥，不仅有助于补血及预防贫血，还有利于婴儿的健康成长。

# 粳米鹌鹑粥

### 材料

粳米 80 克，枸杞子 30 克，料酒 5 毫升，生抽 3 毫升，鹌鹑 2 只，姜丝、葱花、红椒圈、盐、鸡精各 2 克，食用油适量

### 做法

❶ 枸杞子洗净；粳米淘净；鹌鹑洗净切块，用料酒、生抽腌制。

❷ 油锅烧热，放鹌鹑过油后捞出。锅中注水，下粳米烧沸，再下入鹌鹑、姜丝、枸杞子后转中火熬煮。

❸ 慢火熬成粥，调入盐、鸡精，撒上葱花、红椒圈即可。

### 专家点评

　　粳米有增强免疫力之效；鹌鹑肉有补脾益气之效。这两种食物与枸杞子一同熬粥有助于产后妈妈滋补身体。

# 桂圆莲子羹

### 材料

莲子 50 克，桂圆肉 20 克，枸杞子 10 克，白糖 10 克

### 做法

❶ 将莲子洗净，泡发；枸杞子、桂圆肉均洗净备用。

❷ 锅置火上，注入清水后，放入莲子煮沸后，下入枸杞子、桂圆肉。煮熟后放入白糖调味，即可食用。

### 专家点评

这道羹甜香软糯，有健脾、安神、养血的功效。莲子中的钙、磷和钾含量非常丰富，除可以构成骨骼和牙齿的成分外，还有促进凝血的作用。桂圆营养价值甚高，富含碳水化合物、蛋白质、多种氨基酸和维生素，是健脾益智的佳品，对贫血有较好的疗效。

# 银耳炖木瓜

### 材料

木瓜 1 个，银耳、猪瘦肉、鸡爪各 100 克，盐 3 克，味精 1 克，白糖 2 克

### 做法

❶ 将木瓜清洗干净，去皮切块；银耳泡发；猪瘦肉洗净，切块；鸡爪清洗干净。

❷ 炖盅中放水，将木瓜、银耳、猪瘦肉、鸡爪一起放入炖盅，炖制 1 ～ 2 小时。

❸ 调入盐、味精、白糖拌匀，即可出锅。

### 专家点评

这是一道滋养汤，食用后能养阴润肺、滋润皮肤，保持皮肤柔嫩、延缓衰老。木瓜含有丰富的维生素 A 及维生素 C 和膳食纤维，还能消食健胃，对消化不良者具有很好的食疗作用，且对产妇具有很好的嫩肤美容功效。

# 木瓜芝麻羹

## 材料
木瓜 20 克，熟黑芝麻少许，盐 2 克，葱少许，大米 80 克

## 做法
❶ 大米泡发洗净；木瓜去皮洗净，切小块；葱洗净，切花。

❷ 锅置火上，注入水，加入大米，煮至熟后，加入木瓜同煮。

❸ 用小火煮至呈浓稠状时，调入盐，撒上葱花、熟黑芝麻即可。

## 专家点评
　　黑芝麻含有大量的脂肪和蛋白质，还有维生素 A、维生素 E、卵磷脂、钙、铁、镁等营养成分，有补肾、强身、润肠等作用。此外，黑芝麻因富含矿物质，如钙与镁等，产后新妈妈多吃有助于婴儿的骨骼生长，且能美容润肤。

# 鸡肉平菇粉丝汤

## 材料
鸡肉 200 克，平菇 100 克，水发粉丝 50 克，高汤适量，盐 4 克，酱油、葱花各少许

## 做法
❶ 将鸡肉清洗干净，切块；平菇清洗干净，切小片；水发粉丝清洗干净，切段备用。

❷ 净锅上火倒入高汤，下入鸡肉烧开，去浮沫，下入平菇、水发粉丝，调入盐、酱油，煲至熟，撒上葱花即可。

## 专家点评
　　这道汤非常美味，有通乳、滋补的功效。平菇含有的多种维生素及矿物质，可以改善人体新陈代谢、增强体质。鸡肉是高蛋白、低脂肪的健康食品，含有多种维生素、钙、磷、锌、铁、镁等成分，适合乳汁少的哺乳妈妈食用。

# 金针菇炒三丝

## 材料

猪肉 250 克，金针菇 600 克，鸡蛋清 2 个，胡萝卜丝、清汤、姜丝、盐、料酒、淀粉、葱丝、香油、食用油各适量

## 做法

❶ 猪肉洗净切丝，放入碗内，加鸡蛋清、盐、料酒、淀粉拌匀；金针菇清洗干净。

❷ 锅内加油烧热，将肉丝炒至熟，放姜丝、葱丝、胡萝卜丝炒香后，放少许清汤。

❸ 倒入金针菇炒匀，淋上香油即可。

## 专家点评

　　金针菇含有人体必需氨基酸的成分较全，其中赖氨酸和精氨酸含量尤其丰富。且含锌量比较高。产妇多吃金针菇能增加乳汁中锌的含量，对婴儿智力发展有益。金针菇与富含蛋白质的猪肉搭配，营养更加全面。

# 莲子炖猪肚

## 材料

猪肚 1 个，莲子 50 克，盐 3 克，香油 6 毫升，葱、姜、蒜各 10 克

## 做法

❶ 莲子泡发，去心；猪肚洗净装入莲子，用线缝合；葱、姜清洗干净切丝；蒜剁蓉。

❷ 将猪肚放入锅中，加清水炖至熟透，捞出放凉，切成细丝，同莲子放入盘中。

❸ 调入葱丝、姜丝、蒜蓉、盐和香油，拌匀即可。

## 专家点评

　　这道菜可健脾益胃、补虚益气，产妇常食可补益脾胃。猪肚含蛋白质、脂肪、钙、磷、铁等。莲子含丰富的钙、磷、铁，除可构成骨骼和牙齿的成分外，还有促进凝血、镇静神经等作用。

# 鸡骨草猪肚汤

**材料**

猪肚 250 克，鸡骨草 100 克，枸杞子 10 克，盐、高汤各适量

**做法**

❶ 将猪肚清洗干净，切条。

❷ 将鸡骨草、枸杞子清洗干净，备用。

❸ 净锅上火倒入高汤，调入盐，下入猪肚、鸡骨草、枸杞子，煲至熟即可。

**专家点评**

　　这道汤滋阴养血、润燥滑肠，适合产后血虚津亏，症见大便燥结的新妈妈食用。猪肚营养丰富，含有蛋白质、碳水化合物、脂肪、钙、磷、铁、烟酸等营养成分，有补益虚损、健脾养胃的功效。枸杞子含有维生素 A、维生素 $B_1$、维生素 $B_2$、维生素 C、钙等，有养肝、明目的功效。

# 山药鱼头汤

**材料**

鲢鱼头 400 克，山药 100 克，枸杞子 10 克，盐 4 克，香菜、葱花、姜末、食用油各适量

**做法**

❶ 鲢鱼头洗净剁成块；山药清洗干净，去皮切块备用；枸杞子清洗干净；香菜洗净，切段。

❷ 净锅上火倒入食用油、葱花、姜末爆香，下入鱼头略煎后加水，下入山药、枸杞子，调入盐煲至熟，撒入香菜即可。

**专家点评**

　　这道汤有助于产妇康复，并能促进婴儿大脑及身体发育。鲢鱼头有健脾补气、温中暖胃之功效；山药有帮助消化、滋养脾胃等功效。这道汤还可以帮助产妇恢复体力，促进乳汁的分泌。

# 上汤黄花菜

**材料**

黄花菜 300 克，盐 2 克，鸡精 3 克，上汤 200 毫升

**做法**

❶ 将黄花菜清洗干净，沥水。

❷ 锅置火上，加入上汤烧沸，下入黄花菜，调入盐、鸡精，装盘即可。

**专家点评**

　　这道菜有较好的健脑、抗衰老功效。因为黄花菜含有丰富的卵磷脂，是机体中许多细胞，特别是大脑细胞的组成成分，对增强和改善大脑功能有重要作用。同时能清除动脉内的沉积物，对注意力不集中、记忆力减退、脑动脉阻塞等症状有特殊疗效，故人们称之为"健脑菜"。这对婴儿的大脑发育十分重要，哺乳期女性可多吃。

# 无花果蘑菇猪蹄汤

## 材料

猪蹄 100 克，蘑菇 150 克，无花果 30 克，盐适量，香菜末、枸杞子各少许

## 做法

❶ 将猪蹄洗净，切块；蘑菇洗净撕成条；无花果洗净备用。

❷ 汤锅上火倒入水，调入盐，下入猪蹄、蘑菇、无花果、枸杞子煲至熟，撒入香菜末即可食用。

# 红枣鸡汤

## 材料

红枣 15 颗，核桃仁 100 克，鸡肉 250 克，盐适量

## 做法

❶ 先将红枣、核桃仁用清水清洗干净；鸡肉清洗干净，切成小块。

❷ 然后将砂锅清洗干净，加适量清水，置于火上，放入核桃仁、红枣、鸡肉，大火烧开后，去浮沫，改用小火炖约 1 小时，放入少许盐调味即可。

# 花生猪蹄汤

## 材料

猪蹄 1 只，花生仁 30 克，盐、枸杞子、葱丝各适量

## 做法

❶ 将猪蹄清洗干净，切块，汆烫；花生仁用温水浸泡 30 分钟备用。

❷ 净锅上火倒入水，调入盐，下入猪蹄、花生仁、枸杞子煲 80 分钟，撒上葱丝即可。

# 鲇鱼炖茄子

### 材料

鲇鱼、茄子各 350 克，盐 5 克，料酒、生抽各 5 毫升，葱花、姜片、蒜片、鸡汤、食用油各适量

### 做法

❶ 鲇鱼去鳞、鳃及内脏，搓洗去表面的黏液，放进沸水里汆烫一下，取出切成段。

❷ 茄子洗净，切块，用少许油炒软，盛出。

❸ 用油锅炒香姜片、蒜片，加入鸡汤，烧开后加入鲇鱼、茄子，再用生抽、料酒、盐调味，用小火炖 30 分钟，撒上葱花即可。

# 枣蒜烧鲇鱼

### 材料

鲇鱼 500 克，红枣、蒜各 20 克，盐、酱油、料酒、醋、白糖、高汤、食用油各适量

### 做法

❶ 将红枣清洗干净；蒜去皮清洗干净；鲇鱼处理干净，肉切开但不切断，用少许盐、料酒腌制 5 分钟。

❷ 油锅烧热，放入鲇鱼稍煎，注入高汤。

❸ 放入蒜、红枣，加剩余盐、酱油、醋、白糖焖熟即可。

# 清汤黄鱼

### 材料

黄鱼 1 条，盐 5 克，葱段 3 克，姜片、枸杞子各 2 克

### 做法

❶ 将黄鱼宰杀，处理干净备用。

❷ 净锅上火倒入适量清水，放入葱段、姜片、枸杞子，再下入剖净的黄鱼，继续煲至熟透，调入盐即可食用。

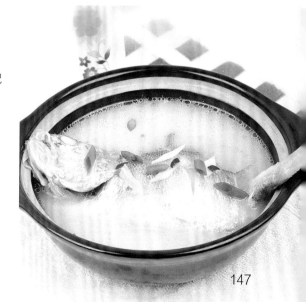

# 西红柿淡奶鲫鱼汤

## 材料

鲫鱼 1 条，三花淡奶、西红柿、豆腐各适量，姜 50 克，葱花、沙参各 20 克，盐 2 克，味精 3 克

## 做法

❶ 西红柿清洗干净，切成小丁；姜去皮，洗净，切成片；豆腐洗净，切成小丁；沙参泡发。

❷ 鲫鱼处理干净后，在背部打上花刀。

❸ 锅中加水烧沸，加入鲫鱼、西红柿、姜片、沙参、豆腐煮沸后，调入盐、味精、三花淡奶煮至入味，出锅前撒上葱花即可。

## 专家点评

　　这道汤富含的蛋白质、脂肪、碳水化合物和钙、磷、铁、锌、烟酸、维生素 $B_2$ 等多种营养素，对产后新妈妈乳汁不下有显著疗效。

# 冬瓜乌鸡汤

## 材料

冬瓜 200 克，乌鸡 150 克，香菜 20 克，食用油 25 毫升，盐、味精各 2 克，葱、姜、枸杞子各 3 克

## 做法

❶ 冬瓜洗净去皮切片；乌鸡洗净斩块；香菜洗净切段。

❷ 净锅上火倒入水，下入乌鸡汆烫，捞起清洗干净待用。

❸ 净锅上火倒入食用油，将葱、姜炝香，下入乌鸡、冬瓜煸炒，倒入水，调入枸杞子、盐、味精煲至熟，撒入香菜即可。

## 专家点评

　　冬瓜乌鸡汤是十分平和的滋补汤，有滋养五脏、补血养颜的功效。乌鸡是药食同源的保健佳品，多食用乌鸡可以提高生理功能。

# 金针菇鸡丝汤

**材料**

鸡胸肉 200 克，金针菇 150 克，黄瓜 20 克，高汤、枸杞子各适量，盐 4 克

**做法**

❶ 将鸡胸肉清洗干净切丝；金针菇清洗干净切段；黄瓜清洗干净切丝备用。

❷ 汤锅上火倒入高汤，调入盐，下入鸡胸肉、金针菇、枸杞子煮熟后，撒入黄瓜丝即可食用。

**专家点评**

　　金针菇富含多种营养，其中锌的含量尤为丰富，可促进婴儿的生长发育。鸡胸肉蛋白质含量较高，且易被人体吸收利用，含有对婴儿生长发育有重要作用的磷脂类，有温中益气、补虚填精、健脾胃、活血脉、强筋骨的功效。

# 老妈煲鱼头

**材料**

鲢鱼头 300 克，猪血 50 克，白菜 15 克，酱油适量，葱、姜、蒜片、香菜、红椒圈各 2 克

**做法**

❶ 将鲢鱼头清洗干净斩块；猪血、白菜清洗干净均切块备用。

❷ 净锅上火倒入水，调入酱油、葱、姜、蒜片，下入鲢鱼头、猪血、白菜煲至熟，撒上香菜、红椒圈即可。

**专家点评**

　　这道汤富含蛋白质、卵磷脂、维生素 $B_1$ 等，最能满足产妇及婴儿的营养需要。鲢鱼头除了含蛋白质、脂肪、钙、磷、铁、维生素 $B_1$ 外，还含有鱼肉中所缺乏的卵磷脂，可增强记忆、思维和分析能力，让婴儿变得聪明。

# 百合猪蹄汤

## 材料
水发百合 125 克，西芹 100 克，猪蹄 175 克，清汤适量，盐、葱、姜、红枣各 5 克

## 做法
① 将水发百合清洗干净；西芹择洗干净切段；猪蹄清洗干净斩块备用。

② 净锅上火倒入清汤，调入盐，下入葱、姜、猪蹄、红枣烧开，捞去浮沫，再下入水发百合、西芹煲至熟即可。

## 专家点评
这道汤味道鲜美，能增加产妇的食欲，有养心润肺、通乳催乳的作用。猪蹄有补血养颜的作用。西芹是高纤维食物，有防治产褥期便秘的作用。百合含有多种营养成分，有润肺、清心、安神的功效。

# 平菇虾皮鸡丝汤

## 材料
鸡胸肉 200 克，平菇 45 克，虾皮 5 克，高汤适量，盐、葱花各少许

## 做法
① 将鸡胸肉清洗干净切丝氽烫；平菇清洗干净撕成条；虾皮清洗干净稍泡备用。

② 净锅上火倒入高汤，下入鸡胸肉、平菇、虾皮烧开，调入盐煮至全熟，撒上葱花即可食用。

## 专家点评
这道菜是产妇的补钙餐，能预防产妇腰酸背痛、下肢痉挛、牙齿松动、骨质疏松等各种难缠的"月子病"。虾皮中含有丰富的蛋白质和矿物质，是缺钙者补钙的较佳途径，不仅适合产妇补钙，同时还有助于母乳喂养的婴儿补钙，促进其骨骼和牙齿发育。

# 什锦腰花

## 材料

猪腰 500 克，黑木耳 20 克，荷兰豆、胡萝卜各 50 克，姜丝、食用油各适量，盐 4 克

## 做法

❶ 将猪腰洗净，切菱形花刀再切片。

❷ 将猪腰放入沸水中汆烫后捞出待用。

❸ 黑木耳洗净，泡发，去蒂，切片；荷兰豆去边丝，洗净；胡萝卜削皮，洗净切片。

❹ 炒锅加油烧热，下黑木耳、荷兰豆、胡萝卜片、姜丝炒匀，将熟时下猪腰片，加盐调味，拌炒至猪腰片熟透即可。

## 专家点评

　　这道菜含有丰富的蛋白质、钙、铁等多种微量元素，对产妇的身体有很好的补益作用，其中的钙元素有利于产妇和婴儿的骨骼健康。猪腰含有丰富的磷、铁，具有补肾气、消积滞、通膀胱、止消渴等功效，可用于治疗水肿、肾虚腰痛等症。此外，猪腰对产妇还有补血的作用，食用后可以红润肌肤、美容养颜。黑木耳含有蛋白质、钙、铁及钾等营养成分，有润肠补血的功效。此外，黑木耳中含有的胶质还有助于产妇将体内毒素排出体外。

# 凉拌玉米南瓜籽

### 材料

玉米粒 100 克，南瓜籽 50 克，枸杞子 10 克，香油、盐各适量

### 做法

❶ 先将玉米粒洗干净，沥干水；再将南瓜籽、枸杞子洗干净。

❷ 将玉米粒、南瓜籽、枸杞子一起放入沸水中焯熟，捞出，沥干水后，加入香油、盐拌匀即可。

### 专家点评

　　这道菜具有良好的滋养、通乳的作用，同时还能预防产后水肿。南瓜籽富含脂肪、蛋白质、B 族维生素、维生素 C 以及南瓜子氨酸等，经常吃南瓜籽，可有效降低血糖。

# 虾皮炒油菜

### 材料

嫩油菜 200 克，虾皮 50 克，盐、香油、葱、姜丝、高汤、鸡精、食用油各适量

### 做法

❶ 将油菜清洗干净，根部削成锥形后划出"十"字形；虾皮用温水泡软待用。

❷ 锅内加油烧热，放入油菜，炒至变色后捞出；锅中留少许油，油热后放葱、姜丝煸出香味。

❸ 加入高汤、虾皮、盐、鸡精、油菜，盖上锅盖焖 2～3 分钟，淋入香油即可出锅。

### 专家点评

　　虾皮富含蛋白质、钙、镁等营养成分，有补钙和通乳的功效。油菜有清热解毒、促进血液循环、散血消肿的作用。产后淤血腹痛、丹毒、肿痛脓疮可通过食用油菜来辅助治疗。

# 草菇圣女果

### 材料
草菇 100 克，圣女果 50 克，盐 5 克，水淀粉 3 克，葱段、鸡汤、味精、食用油各适量

### 做法
❶ 草菇、圣女果清洗干净，切成两半。
❷ 草菇用沸水焯至变色后捞出。
❸ 锅置火上，加油，待油烧至七八成热时，倒入葱煸炒出香味，放入草菇、圣女果，加入鸡汤，待熟后放盐、味精，用水淀粉勾芡，拌匀即可出锅。

### 专家点评
　　草菇中维生素 C 含量高，能促进人体新陈代谢，提高机体免疫力，还能增加乳汁分泌。圣女果中含有谷胱甘肽和番茄红素等特殊物质，可通过乳汁促进婴儿的生长发育。草菇、圣女果搭配的菜肴营养丰富，有助于产后恢复。

# 木瓜炖雪蛤

### 材料
木瓜 1 个，雪蛤 150 克，西蓝花 100 克，盐 4 克

### 做法
❶ 在木瓜 1/3 处切开，挖去籽，洗净。
❷ 西蓝花清洗干净后，切成小朵，放入沸水中焯水后捞出摆盘。
❸ 将雪蛤装入木瓜内，上火蒸约 30 分钟至熟，调入盐拌匀即可。

### 专家点评
　　木瓜有舒筋活血、健胃消食、滋脾润肺之功效；雪蛤有润五脏、养肺阴、补肾精之功效。这道菜非常适合产后体虚的妈妈食用，而且对于产后的不良情绪还有预防及食疗作用。

# 韭菜炒腰花

### 材料
韭菜、猪腰各 150 克，核桃仁 20 克，红甜椒 30 克，盐、味精各 3 克，鲜汤、食用油、水淀粉各适量

### 做法
❶ 韭菜洗净切段；猪腰洗净切花刀，再横切成条，氽去血水，捞出控干；红甜椒洗净切丝。

❷ 盐、味精、水淀粉和鲜汤拌成芡汁。

❸ 油锅烧热，加入红甜椒爆香，再依次加入猪腰花、韭菜、核桃仁翻炒，快熟时调入芡汁即可。

### 专家点评
这道菜可缓解产后腰痛，且有利于产后康复。猪腰有补肾益气的功效；韭菜能防治便秘；核桃仁可补肾益精，是上佳的补肾食品。

# 荷兰豆炒鲮鱼片

### 材料
荷兰豆 150 克，鲮鱼 200 克，盐 3 克，鸡精 2 克，淀粉 5 克，食用油适量

### 做法
❶ 荷兰豆洗净择去头、尾、筋，放入沸水中稍焯后捞出。

❷ 鲮鱼取肉洗净剁成肉泥，做成鲮鱼片，下入沸水中煮熟后，捞出。

❸ 锅置火上，加油烧热，下入荷兰豆炒熟后，加入鲮鱼片、盐、鸡精，再用淀粉勾芡即可。

### 专家点评
这道菜营养丰富、色泽诱人，能增加产妇的食欲，有通乳下奶、补血益气等功效。鲮鱼、荷兰豆都含有多种营养成分，常食用对脾胃虚弱、小腹胀满、产后乳汁不下有一定疗效。

# 虾米茭白粉丝汤

### 材料

茭白 150 克, 水发虾米 30 克, 水发粉丝 20 克, 西红柿 1 个, 食用油 20 毫升, 盐 4 克

### 做法

❶ 将茭白清洗干净, 切小块; 水发虾米清洗干净; 水发粉丝清洗干净, 切段; 西红柿清洗干净, 切块备用。

❷ 汤锅上火倒入食用油, 下入水发虾米、茭白、西红柿煸炒, 倒入水, 调入盐, 下入水发粉丝煲至熟即可。

### 专家点评

茭白含较多的碳水化合物、蛋白质、脂肪等, 能补充人体的营养物质, 具有健壮身体的作用。虾皮富含钙、铁、碘。西红柿富含维生素 C、番茄红素, 与茭白搭配, 有补虚、利尿、滋阴等作用。

# 莴笋猪蹄汤

### 材料

猪蹄 200 克, 莴笋 100 克, 胡萝卜 30 克, 盐、姜片、葱花、高汤各适量

### 做法

❶ 猪蹄洗净斩块, 氽烫; 莴笋去皮, 清洗干净, 切块; 胡萝卜清洗干净, 切块备用。

❷ 锅上火倒入高汤, 放入猪蹄、莴笋、胡萝卜、姜片, 调入盐, 煲 50 分钟。

❸ 待汤好肉熟时, 撒上葱花即可。

### 专家点评

莴笋含钾量较高, 有利于促进排尿和乳汁的分泌。它含有的少量碘元素, 对人体的新陈代谢、心智和体格发育, 甚至情绪调节都有重大作用。猪蹄富含多种营养, 也是通乳的佳品。

# 西红柿菠菜汤

**材料**

西红柿、菠菜各 150 克，盐少许

**做法**

❶ 西红柿洗净，在表面轻划数刀，入开水氽烫后撕去外皮，切丁；菠菜去根后洗净，焯水，切长段。

❷ 锅中加水煮开，加入西红柿煮沸，续放入菠菜。

❸ 待汤汁再沸，加盐调味即成。

# 党参生鱼汤

**材料**

生鱼 1 条，党参 20 克，姜丝、葱、盐、食用油各适量，鲜汤 200 毫升

**做法**

❶ 党参浸透，切段。

❷ 生鱼洗净切段，下油锅中煎至金黄色。

❸ 另起油锅，烧至六成热时，下入姜丝、葱爆香，再下鲜汤、党参及煎好的鱼段，烧开，调入盐即成。

# 花生莲子炖鲫鱼

**材料**

鲫鱼 250 克，花生仁 100 克，莲子 30 克，盐少许，味精 5 克，葱、姜、枸杞子、香菜各 3 克，食用油适量

**做法**

❶ 将鲫鱼洗净；花生仁、莲子洗净备用。

❷ 炒锅上火，倒入食用油，下入葱、姜爆香，下入鲫鱼煎炒，倒入水，调入盐、味精，下入花生仁、莲子、枸杞子煲至熟，撒上香菜即可。

# 鸽肉莲子红枣汤

### 材料

鸽子 1 只，莲子 60 克，红枣 25 克，姜 5 克，盐 2 克，味精 4 克，食用油适量

### 做法

❶ 鸽子洗净，斩成小块；莲子、红枣泡发洗净；姜切片。

❷ 将鸽块下入沸水中汆去血水，捞出。

❸ 锅上火加油烧热，用姜片炝锅，下入鸽块稍炒后，加适量清水，下入红枣、莲子一起炖至肉熟，调入盐、味精即可。

# 鲜人参炖土鸡

### 材料

土鸡 1 只，鲜人参 50 克，姜 10 克，红枣、枸杞子各 5 克，盐、香油、花雕酒各适量

### 做法

❶ 土鸡斩断腿洗净；姜切片；红枣泡发。

❷ 锅上火，入水，加入少许盐、姜片，待水沸后放入整只鸡汆烫，去除血水。

❸ 捞出入砂钵，放入鲜人参、红枣、枸杞子、花雕酒，煲 1 小时，放入剩余盐，淋上香油即可。

# 菠菜拌核桃仁

### 材料

菠菜 400 克，核桃仁 150 克，香油 20 毫升，盐 4 克，鸡精 1 克，蚝油 5 毫升

### 做法

❶ 将菠菜洗净，焯水，装盘待用；核桃仁洗净，入沸水锅中汆烫至熟，捞出，倒在菠菜上。

❷ 用香油、蚝油、盐和鸡精调成调味汁，淋在菠菜核桃仁上，搅拌均匀即可。

# 黄豆猪蹄汤

### 材料

猪蹄半只，黄豆45克，盐3克，枸杞子、青菜各适量

### 做法

❶ 将猪蹄清洗干净，切块后汆烫；黄豆用温水浸泡40分钟备用；青菜洗净。

❷ 净锅上火倒入水，调入盐，下入猪蹄、黄豆、枸杞子、青菜以大火烧开。

❸ 水开后转小火煲60分钟即可。

### 专家点评

　　这道汤做法简单，营养丰富，集合了黄豆的膳食纤维与猪蹄的胶原蛋白，既营养又不油腻，是产后妈妈的最佳选择。特别是猪蹄，含有丰富的胶原蛋白，脂肪含量也比肥肉低，有补虚养身、养血通乳的作用。

# 橄榄菜肉末蒸茄子

### 材料

猪肉200克，茄子500克，橄榄菜50克，盐3克，葱、红甜椒、酱油、醋各适量

### 做法

❶ 猪肉洗净切末；茄子洗净去蒂切条；橄榄菜洗净切末；葱洗净切段；红甜椒去蒂清洗干净，切圈。

❷ 锅入水烧开，放入茄子焯烫片刻，捞出沥干，与猪肉末、橄榄菜、盐、酱油、醋混合均匀，装盘，放上葱段、红甜椒，入锅蒸熟即可。

### 专家点评

　　常吃此菜可增强人体免疫力。猪肉可提供优质蛋白质、人体必需的脂肪酸和促进铁吸收的半胱氨酸，能改善产后贫血。茄子富含维生素E、维生素P，有活血化淤、清热消肿的作用。

# 通草丝瓜对虾汤

**材料**

对虾 2 只，丝瓜 10 克，通草 6 克，葱段、盐、蒜末、食用油各适量

**做法**

❶ 将对虾处理干净，用盐腌制；丝瓜去皮，洗净，切条状；通草洗净。

❷ 油锅烧热，下入葱段、蒜末炒香，再加入对虾、丝瓜、通草，加水煮至熟。

❸ 最后加盐调味即可。

**专家点评**

　　对虾有很强的通经下乳的功效，并且肉质松软，易消化，富含磷、钙等营养素，对小儿、孕产妇都有很好的补益作用。因此，本菜非常适合乳房经络不通、乳汁淤滞引起的乳汁不行的产妇食用。

# 红枣莲藕猪蹄汤

**材料**

红枣、当归各 20 克，莲藕、猪蹄各 150 克，盐 4 克，黑豆、清汤、姜片、葱花各适量

**做法**

❶ 将莲藕洗净切成块；猪蹄洗净斩块。

❷ 黑豆、红枣洗净浸泡 20 分钟备用。

❸ 净锅上火倒入清汤，下入姜片、当归，调入盐烧开，下入猪蹄、莲藕、黑豆、红枣煲至熟，撒上葱花即可。

**专家点评**

　　红枣具有补益气血、消除疲劳等作用，莲藕具有强筋壮骨、滋阴止血的作用，猪蹄具有壮腰强膝、通经下乳的作用。因此，此汤的补血、强筋、通乳功效显著，对气血不足导致的缺乳产妇有很好的食疗作用。

# 木瓜猪蹄汤

**材料**

猪蹄 1 只，木瓜 175 克，盐、绿豆芽各适量

**做法**

❶ 将猪蹄清洗干净，切成块；绿豆芽清洗干净，备用。

❷ 木瓜洗净，去籽，切块，备用。

❸ 净锅上火倒入适量清水，调入盐，下入猪蹄煲至快熟时再下入木瓜、绿豆芽，继续煲至材料熟烂，即可食用。

# 洋葱炖乳鸽

**材料**

乳鸽 500 克，洋葱 250 克，姜、白糖各 5 克，盐、味精、食用油各适量，酱油 10 毫升

**做法**

❶ 将乳鸽洗净斩成小块；洋葱洗净切成角状；姜去皮切片。

❷ 油锅烧热，入洋葱片、姜片爆炒至出味。

❸ 再下入乳鸽，加入高汤用小火炖 20 分钟，放入白糖、盐、味精、酱油等调味料，煮至入味后出锅即可。

# 墨鱼干节瓜煲猪蹄

**材料**

猪蹄 500 克，墨鱼干、节瓜、红枣各少许，盐 3 克，鸡精 2 克

**做法**

❶ 猪蹄洗净斩块，汆烫；墨鱼干、红枣浸泡片刻；节瓜洗净去皮切厚片。

❷ 将猪蹄、墨鱼干、节瓜、红枣放入炖盅，注水后用大火烧开，改小火炖煮 2 小时，加盐、鸡精调味即可。